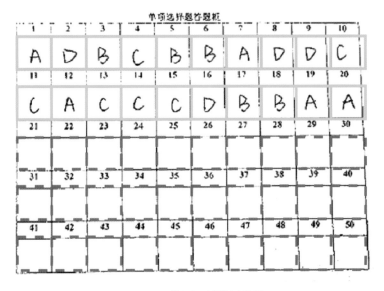

图 1-6　答题区域检测结果

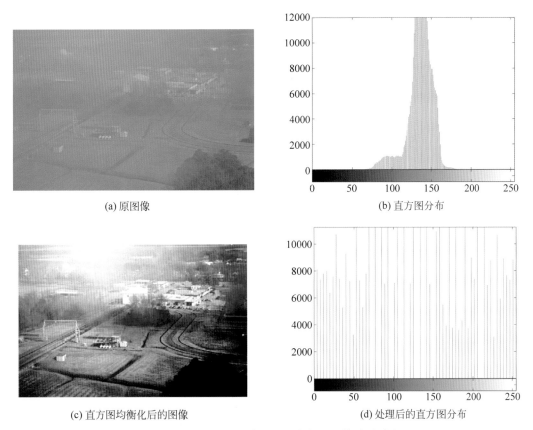

(a) 原图像

(b) 直方图分布

(c) 直方图均衡化后的图像

(d) 处理后的直方图分布

图 2-5　雾天图像进行直方图均衡化处理的前后对比

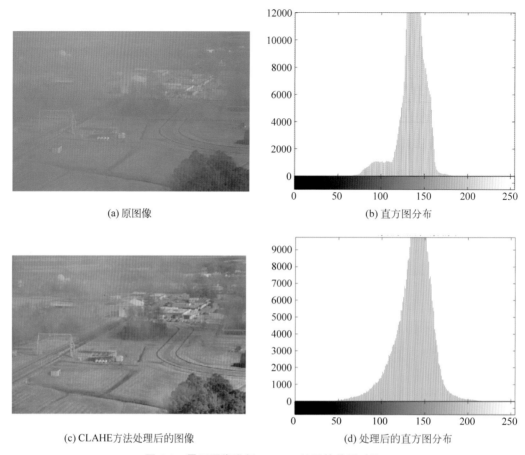

(a) 原图像   (b) 直方图分布

(c) CLAHE方法处理后的图像   (d) 处理后的直方图分布

图 2-8 雾天图像进行 CLAHE 处理的前后对比

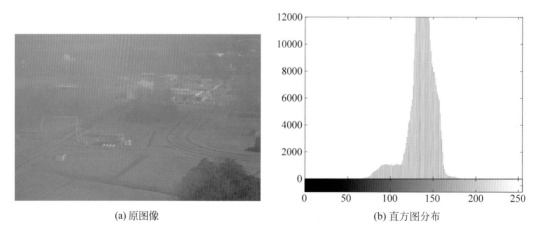

(a) 原图像   (b) 直方图分布

图 2-10 雾天图像进行 Retinex 增强处理的前后对比

(c) Retinex增强处理后的图像

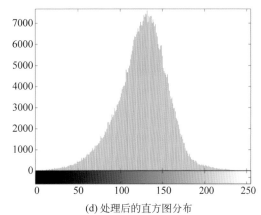

(d) 处理后的直方图分布

图 2-10　续

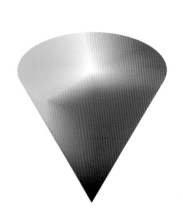

图 3-4　HSV 颜色锥模型示意图

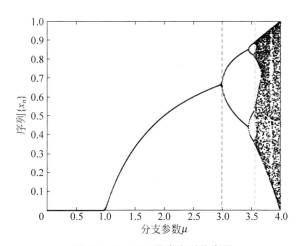

图 4-1　Logistic 混沌序列仿真图

图 4-2　DCT 压缩前的 RGB 图像

图 4-3　DCT 压缩后的 RGB 图像

图 4-7　加密图示效果

图 4-12　μ_1 由 3.9999 修改为 3.99999 的
混沌解密结果图

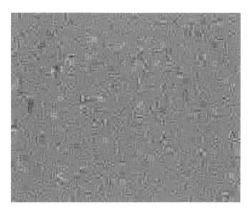

图 4-13　x_1 由 0.7071 修改为 0.70711 的
混沌解密结果图

图 4-14　loop 由 1000 修改为 999 的
混沌解密结果图

图 4-17　图像解密效果图

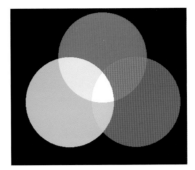

图 6-3　三基色原理图

(a) 红灯示例图

(b) 黄灯示例图

(c) 绿灯示例图

图 6-4　某圆形道路交通灯

从左向右分别是：原图，红色显著图，黄色显著图，绿色显著图

(a) 红灯显著图对比

图 6-5　信号灯原图和对应的显著图汇总

从左向右分别是：原图，红色显著图，黄色显著图，绿色显著图

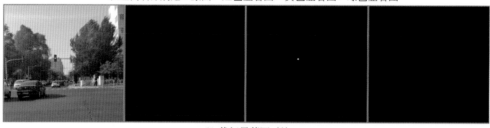

(b) 黄灯显著图对比

从左向右分别是：原图，红色显著图，黄色显著图，绿色显著图

(c) 绿灯显著图对比

图 6-5 （续）

(a) 红灯检测识别效果

(b) 黄灯检测识别效果

(c) 绿灯检测识别效果

(d) 箭头信号灯检测识别效果

图 6-8 检测目标信号灯的位置并识别其形状信息

图 7-3　SIFT 特征可视化

(a) 水平方向投影曲线

(b) 垂直方向投影曲线

图 9-4　积分投影效果图

图 10-5　第 70 帧的光流场示意图

图 10-6　第 70 帧的车辆检测示意图

图 12-20　模拟手绘图图像检索结果

人工智能

科学与技术丛书

视觉大数据智能分析算法实战

刘衍琦 曲海洋 主编

刘明明 孙振林 张耀刚 副主编

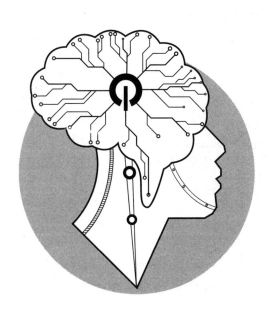

清华大学出版社

北京

内容简介

本书详细讲解了视觉大数据应用案例(含可运行程序),涉及计算机视觉基础案例分析、视觉大数据检索及识别相关的工程应用,包含音视频处理、目标检测、图像识别等行业应用案例。作者从项目实战出发,对视觉大数据工程应用的算法设计、程序实现、部署实施进行了详细叙述,可方便读者进行相关知识点的程序化调试及工程复用。

每个应用案例的知识点都提供了丰富、生动的案例素材,并以 MATLAB、Python、Java 等工具详细讲解了实验的核心程序。通过对这些程序的阅读、理解和仿真运行,读者可以更加深刻地理解应用案例的内容,并且更加熟练地掌握大数据技术在不同实际领域中的用法。

本书以案例为基础,结构布局紧凑,内容深入浅出,实验简捷高效,适合计算机、信号通信和自动化等相关专业的教师、研究生、本科生,以及广大从事视觉大数据处理的专业技术人员阅读参考。

图书在版编目(CIP)数据

视觉大数据智能分析算法实战/刘衍琦,曲海洋主编.—北京:清华大学出版社,2022.4
(人工智能科学与技术丛书)
ISBN 978-7-302-60062-6

Ⅰ.①视…　Ⅱ.①刘…②曲…　Ⅲ.①计算机视觉—数据处理—人工智能—算法　Ⅳ.①TP302.7
②TP18

中国版本图书馆 CIP 数据核字(2022)第 016557 号

责任编辑:王　芳
封面设计:李召霞
责任校对:焦丽丽
责任印制:曹婉颖

出版发行:清华大学出版社
　　　网　　　址:http://www.tup.com.cn,http://www.wqbook.com
　　　地　　　址:北京清华大学学研大厦 A 座　　　邮　　　编:100084
　　　社 总 机:010-83470000　　　邮　　　购:010-62786544
　　　投稿与读者服务:010-62776969,c-service@tup.tsinghua.edu.cn
　　　质量反馈:010-62772015,zhiliang@tup.tsinghua.edu.cn
　　　课件下载:http://www.tup.com.cn,010-83470236
印　刷　者:北京富博印刷有限公司
装　订　者:北京市密云县京文制本装订厂
经　　　销:全国新华书店
开　　　本:186mm×240mm　　　印　张:17.25　　　插　页:4　　　字　　　数:401 千字
版　　　次:2022 年 5 月第 1 版　　　　　　　　　印　　　次:2022 年 5 月第 1 次印刷
印　　　数:1~2000
定　　　价:79.00 元

产品编号:094270-01

前言

PREFACE

近年来,随着国家对高新科技的大力支持,以及人工智能技术的进一步发展,大数据技术的理论和实践都取得了进一步发展和应用。特别是将大数据与工程实践应用的结合,通过大数据智能算法进行分析挖掘,形成了一系列的工程化应用,取得了良好的社会效益和经济效益。本书的筹划就是立足于视觉大数据的工程案例实践,对工程应用过程中遇到的实际问题进行分析、设计、开发、实施,从理论介绍、算法架构、程序实现、部署实施的角度进行叙述,具有明显的工程实用性特色。

本书详细讲解了视觉大数据应用案例(含可运行程序),涉及计算机视觉基础案例分析、视觉大数据检索及识别相关的工程应用,包含音视频处理、目标检测、图像识别等行业应用案例,作者从项目实战出发,对视觉大数据工程应用的算法设计、程序实现、部署实施进行详细叙述,可方便读者进行相关知识点的程序化调试及工程复用。

本书全面而细致地讲解了视觉大数据智能分析案例,全书分为3篇,共16章,主要内容如下。

第1篇是"基础篇",包括第1~3章,分别对基于图像分割的答题卡智能识别、基于图像增强的雾天图像优化方法、基于颜色特征的森林火情预警识别方法进行阐述,层层深入地介绍了图像分割、图像增强、分类识别等模块的相关理论和实践知识。

第2篇是"进阶篇",包括第4~10章,分别对基于混沌编码的图像加密算法应用、基于信息隐藏的多格式文件加密算法应用、基于颜色分割的道路信号灯检测识别应用、融合GPS及视觉词袋模型的建筑物匹配识别应用、基于人脸识别的课堂考勤打卡计时应用、基于车牌识别的停车场出入库计费应用、基于光流场的交通流量分析应用进行阐述,深入介绍了图像加密、信息隐藏、图像分割、图像匹配、分类识别、视频跟踪等模块的相关理论和实践知识。

第3篇是"应用篇",包括第11~16章,分别对基于卷积神经网络的手写数字识别应用、基于视觉大数据检索的图搜图应用、验证码AI识别、基于生成式对抗网络的图像生成应用、COVID-19新冠肺炎影像智能识别、基于深度学习的人脸二维码识别进行阐述,深入介绍了字符识别、图像检索、人脸二维码识别等模块的相关理论和实践知识。

在本书的编写过程中,得到了山东文多网络有限公司AI视觉工程实验室的大力支持,在此表示衷心的感谢。本书写作之初还得到清华大学出版社编辑王芳的鼓励和支持,在此深表谢意。最后,作者对本书所引用的参考文献和博文的作者表示感谢,同时对各位读者给予的启发和帮助表示感谢。最后,感谢家人的默默支持,特别是女儿刘沛萌的陪伴与鼓励,让我成为一名勇往直前的父亲,也祝天下小朋友都能健康快乐成长!

由于时间仓促,加之作者的水平和经验有限,书中疏漏及不足在所难免,希望广大读者批评指正。

刘衍琦

2021 年 12 月

目 录
CONTENTS

基 础 篇

基 础 篇

▶▶▶

## 第 1 章

基于图像分割的答题卡
智能识别

1.1 应用背景

答题卡又称为信息卡,广泛应用于考试答题、问卷调查、投票评分等场景。通过计算机进行智能读卡阅卷已成为主流趋势,相比于传统的人工阅卷,计算机智能阅卷具有高效、准确、客观的特点,可支持自动化计分、统计、存储,也可以进行个性化的数据分析。例如,老师可将成绩存储到数据库,调阅不同题目的出错率、统计相同知识点的答题情况等,做出有针对性的专题型讲解,提高教学效果。因此,对答题卡进行智能化识别,并按统一格式规范化存储,具有重要研究意义和实用价值。

根据答题卡的格式布局及答案类型的不同,可将其分为标准的网格机读类型、规范的文字写作类型以及特定的区域填写类型。其中,特定的区域填写类型一般是将答题区域集中到试卷的指定区域,例如试卷头部或尾部,通过集中撰写答案的方式来进行统一批改。考虑到此类答题卡的个性化特点,对其批阅一般是依赖于人工校对、计分,难以做到自动化的智能识别,长时间的人工大量批阅也容易出现批改错误、计分错误等问题。因此,本案例针对此类答题卡,基于计算机视觉处理技术设计一套智能化分析流程,可对答题区域进行分割、识别,实现自动化阅卷的功能。

1.2 答题卡预处理

本案例选择某实际考试的答题复印/扫描图作为实验对象,重点对选择题的答题区域做图像增强处理,提高目标内容的对比度。

如图 1-1 所示,答题区域集中在试卷头部的网格区域,并且呈现黑白文字图的特点,因此我们可以采用基本的图像灰度化、图像二值化及图像反色来进行预处理,提高区域对比度,关键代码如下所示。

```
clc; clear all; close all;
% 读取图像
```

```
im = imread('./images/03.png');
% 灰度化
if ndims(im) == 3
    % 如果是 RGB 图,进行灰度化
    im = rgb2gray(im);
end
% otsu 阈值
th = graythresh(im);
% 二值化
bw = im2bw(im, th);
% 反色
bw = ~bw;
% 计算行列数
[M,N] = size(bw);
% 水平方向闭合变换
bw2 = imclose(bw, strel('line', round(N/10), 0));
% 提取最大面积区域
bw2 = bwareafilt(bw2, 1);
% 保留答题区域
bw = bw. * bw2;
% 写出图像
imwrite(bw, 'bw.png');
```

图 1-1 答题卡图像示例

　　程序首先通过 imread 用于读取指定路径的图像得到数字图像矩阵,rgb2gray 用于将 RGB 图转换为灰度图矩阵;然后通过 graythresh 用于计算灰度图的 otsu 阈值,im2bw 用于进行二值化变换并反色;最后采用形态学水平闭合操作突出答题区域并通过 bwareafilt 提取最大面积的连通区域,经 imwrite 函数写到指定的图像文件。运行后,得到的结果如图 1-2 所示。

如图 1-2 所示,通过预处理得到了对比度增强的二值化图,突出了答案区域的文本内容,可以发现答案区域呈现出了网格划分、数字题号、字母答案的特点,并且每个题的答案是单选的 A、B、C、D 之一,可考虑通过图像分割及模板匹配等方案进行答案定位及识别。

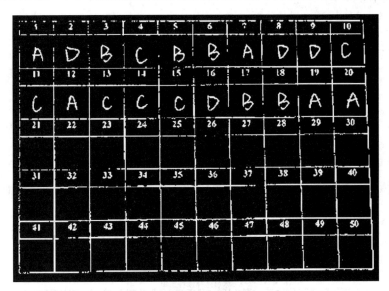

图 1-2　答题卡图像预处理

1.3　答题卡网格化分割

根据答题区域的网格化特点,可以对网格进行水平、垂直分割,结合标题、答案的区域大小进行内容定位。假设图像的行数即高度为 M,列数即宽度为 N,对预处理后的答题卡进行水平、垂直方向的积分投影计算,计算公式如下:

$$\begin{cases} h_r = \sum_{c=1}^{N} I(r,c) \\ v_c = \sum_{r=1}^{M} I(r,c) \end{cases} \tag{1-1}$$

因此,可对图像进行行列方向的求和得到积分投影序列,通过绘制投影曲线,将其对应于图像的行列分布来得到网格线定位结果,关键代码如下所示。

```
clc; clear all; close all;
% 读取图像
im = imread('./images/01.png');
```

```
%  读取预处理后的图像
bw = imread('./bw.png');
%  计算行列数
[M,N] = size(bw);
%  水平方向投影,并归一化
hr = sum(bw,2);
hr = (hr - min(hr)) ./ (max(hr) - min(hr)) * N;
%  垂直方向投影,并归一化
vc = sum(bw,1);
vc = (vc - min(vc)) ./ (max(vc) - min(vc)) * M;
%  绘图对应
figure;
imshow(im, []);
hold on;
plot(hr, 1:M, 'r - ');
title('水平投影');
figure;
imshow(im, []);
hold on;
plot(1:N, vc, 'r - ');
title('垂直投影');
```

运行后,可得到归一化后的水平、垂直方向的投影曲线,并将其叠加绘图到原图,具体如图 1-3 和图 1-4 所示。

图 1-3　水平方向投影曲线

注意到这里采用归一化方法,并分别将水平、垂直方向的投影曲线的尺度对应到图像宽度、高度,由此可方便地与原图叠加分析得到网格线的位置定位。

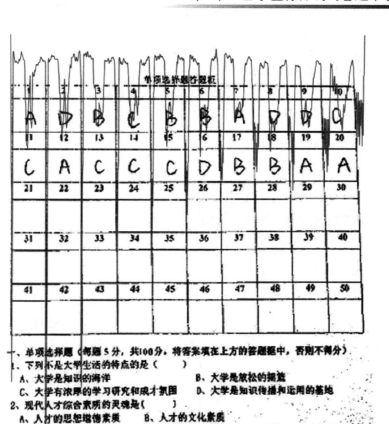

图 1-4 垂直方向投影曲线

如图 1-3 所示,水平方向的积分投影在水平的网格线位置呈现出明显的峰值;如图 1-4 所示,垂直方向的积分投影在垂直的网线位置呈现出明显的峰值。但是,垂直的网格线由于图像采集过程中的畸变干扰,呈现出一定的扭曲现象,这导致右半部分的垂直网格线积分投影峰值不够突出,需要一定的补充计算。同时,水平和垂直的波峰分布也具有一定的邻域重叠特点,这正是网格线的宽度引起的波峰重叠,也需要一定的合并计算。

因此,考虑到网格分布的规则性,可根据以计算网格线的间隔以及网格的个数来进行网格线邻域的合并,以及垂直网格线的自动补充,关键代码如下所示。

```
% 设置网格范围
hrows = 5;
hcols = 10;
% 有效范围内的投影曲线
hr_loc = find(hr > M/3);
vc_loc = find(vc > N/3);
% 网格有效区域过滤
wh = M/50;
```

```
while 1
    for i = 1 : length(hr_loc) - 1
        % 如果水平线间隔达到条件,合并
        if hr_loc(i + 1) - hr_loc(i) < wh
            spci = (hr_loc(i + 1) + hr_loc(i))/2;
            hr_loc(i + 1) = spci;
            hr_loc(i) = spci;
        end
    end
    for i = 1 : length(vc_loc) - 1
        % 如果垂直线间隔达到条件,合并
        if vc_loc(i + 1) - vc_loc(i) < wh
            spci = (vc_loc(i + 1) + vc_loc(i))/2;
            vc_loc(i + 1) = spci;
            vc_loc(i) = spci;
        end
    end
    % 水平线消除重复
    len1 = length(hr_loc);
    hr_loc = unique(hr_loc);
    len2 = length(hr_loc);
    % 垂直线消除重复
    len3 = length(vc_loc);
    vc_loc = unique(vc_loc);
    len4 = length(vc_loc);
    if len1 == len2 && len3 == len4
        % 无须合并
        break;
    end
end
% 根据间隔,补充垂直线
while length(vc_loc) < hcols + 1
    % 平均垂直间隔
    spc = mean(diff(vc_loc));
    % 补充垂直线
    vc_loc(end + 1) = vc_loc(end) + spc;
end
```

程序运行后,可绘制水平和垂直的网格线,并观察与实际网格的契合度,效果如图 1-5 所示。经积分投影方法可以定位答题区域的网格线,并且根据答题区域呈现正方形特点可以方便地定位出答题框,再根据框内的像素分布即可提取有效的答案图像,用于匹配识别。

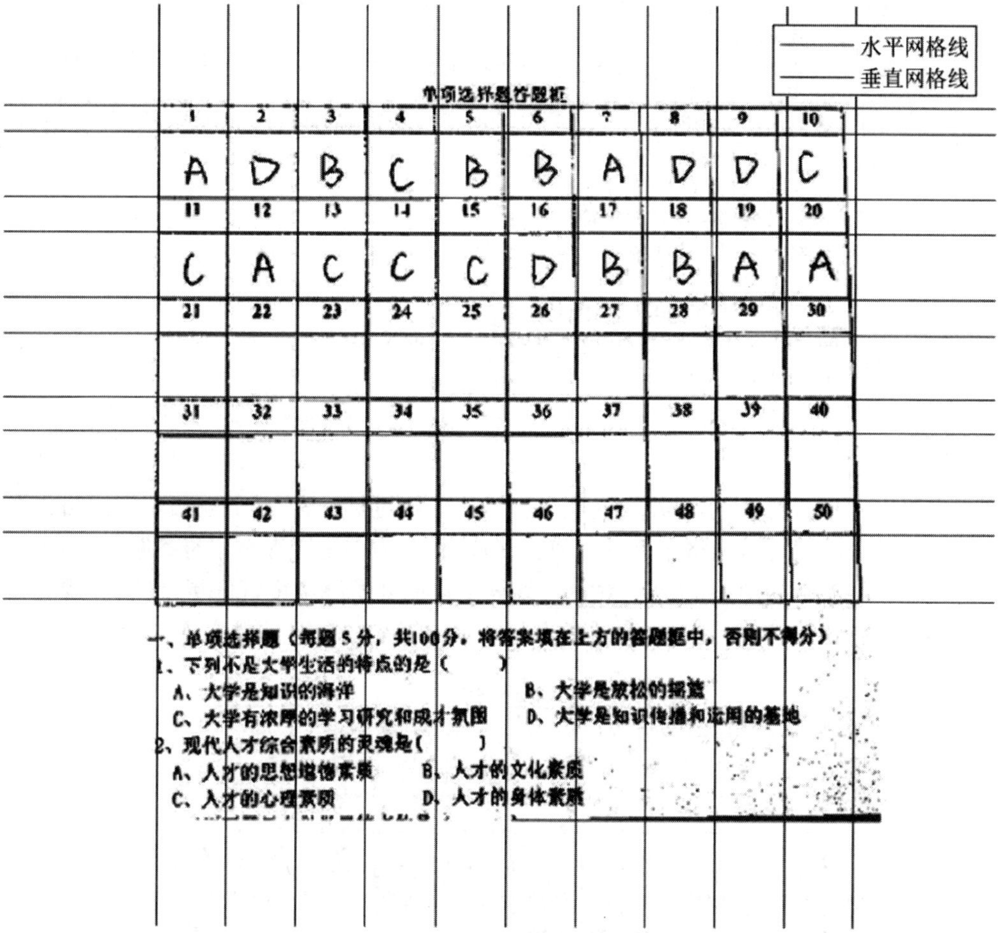

图 1-5　答题区域的网格分布

1.4　答题区域检测

答题区域网格线定位后,可通过预设的题目分布进行答题区域的检测。因此,本节采用循环遍历网格区域的方法,定位有效的答题区域,对内部的像素进行统计分析,判断是否存在答案字符图像。答题区域检测的关键代码如下所示。

```
% 网格区域判断
for i = 2 : 2 : length(hr_loc)
    for j = 1 : 1 : length(vc_loc) - 1
        % 当前网格区域
        rect_ij = [vc_loc(j) hr_loc(i) vc_loc(j + 1) - vc_loc(j) ...
hr_loc(i + 1) - hr_loc(i)];
        % 提取内部像素
```

```
bw_ij = imcrop(im, round(rect_ij));
% 保留内部区域
bw_ij = ~im2bw(bw_ij, graythresh(bw_ij));
bw_ij = imclearborder(bw_ij);
% 计算内部有效面积
area_ij = sum(sum(bw_ij));
if area_ij > numel(bw_ij) * 0.01
    % 如果内部存在答案字符
h1 = rectangle('Position', rect_ij, 'EdgeColor', 'g', 'LineWidth', 2);
else
    % 如果内部不存在答案字符
    h2 = rectangle('Position', rect_ij, 'EdgeColor', 'r', ...
'LineWidth', 2, 'LineStyle', '--');
    end
    end
end
```

根据水平网格线的特点,采用 2 间隔的扫描方式跳过标题栏,然后遍历垂直网格提取每一行内的答题区域。通过网格区域做二值化筛选,判断内部是否存在字符答案,进而得到答题区域的检测结果。如图 1-6 所示,绿色实线表示检测到了答案字符区域,红色虚线表示未检测到答案字符区域,可以发现检测结果也与实际的答案分布情况相符。

图 1-6 答题区域检测结果

1.5 答案识别

通过对答题区域的网格化分割,以及对答案字符的检测,我们可以得到顺序排列的答案字符图像,用于字符的匹配识别。考虑到单项选择题答案的特殊性,可采用经典的模板匹配算法,将待识别的答案字符图像与标准的字符"ABCD"图像进行模板匹配,得到最相似的字符输出作为识别结果。因此,本节首先进行标准的字符模板图像生成;然后对答案字符图像进行相关性计算,得到模板匹配结果;最后输出答案字符并将其标注到答题卡图像上进行可视化分析,并结合标准答案设置计算试卷得分。

1.5.1　字符模板图像生成

针对字符"ABCD",通过字符显示及自动化截屏裁剪的方法可生成一套指定字体的字符模板图像,关键代码如下。

```
% 答案 ABCD 模板
cns = {'A','B','C','D'};
for i = 1:4
    % 临时窗口
    hfig = figure();
    % 设置底色为白色
    set(hfig, 'Color', 'w')
    hold on; axis([-1 1 -1 1]);
    % 显示指定的英文字符
    text(0,0,cns{i}, 'FontSize', 14, 'FontName', '黑体'); axis off;
    % 截屏
    f = getframe(gcf);
    % 转换为图像
    f = frame2im(f);
    % 灰度化
    f = rgb2gray(f);
    % 二值化并反色
    f = ~im2bw(f, graythresh(f));
    % 裁剪有效字符区域
    [r, c] = find(f);
    f = f(min(r):max(r), min(c):max(c));
    % 统一尺寸
    f = imresize(f, [50 30], 'bilinear');
    % 存储
    zns{i} = f;
    % 关闭临时窗口
    close(hfig);
end
% 存储到 mat 文件
save(fullfile(pwd, 'db.mat'), 'zns', 'cns')
```

运行后,得到文件 db.mat,存储了字符模板图像、字符模板内容,模板图像可集中显示如图 1-7 所示。字符模板图采用黑色底图、白色前景的形式,尺寸统一为[50 30]的大小,这便于进行统一匹配识别。

图 1-7 字符模板图像

1.5.2 字符模板匹配识别

模板匹配识别方法的关键在于相似性度量的计算,常用的计算方法有欧氏距离、汉明距离、余弦距离、相关系数等,考虑到字符图像的规范化特点,本节采用相关系数法进行相似性判断,并将相关系数最高的字符作为模板匹配的输出结果。假设对 m 行 n 列的矩阵 A、B 计算相关系数,公式如下:

$$\begin{cases} R = \dfrac{\sum\limits_{m}\sum\limits_{n}(A_{mn} - \bar{A})(B_{mn} - \bar{B})}{\sqrt{\sum\limits_{m}\sum\limits_{n}(A_{mn} - \bar{A})^2 \sum\limits_{m}\sum\limits_{n}(B_{mn} - \bar{B})^2}} \\ \bar{A} = \dfrac{1}{mn}\sum\limits_{m}\sum\limits_{n}A_{mn} \qquad \bar{B} = \dfrac{1}{mn}\sum\limits_{m}\sum\limits_{n}B_{mn} \end{cases} \tag{1-2}$$

相关系数越高,表示矩阵 A、B 相关性越强,将其应用于答案字符图像的模板匹配识别过程,关键代码如下。

```
% 如果内部存在答案字符,识别
bw_ij = bwareafilt(bw_ij,1);
% 裁剪有效字符区域
[r, c] = find(bw_ij);
bw_ij = bw_ij(min(r):max(r), min(c):max(c));
% 统一尺寸
bw_ij = imresize(bw_ij, [50 30], 'bilinear');
dis = [];
for k = 1:4
    % 计算相关系数
    dis(k) = corr2(double(bw_ij),double(zns{k}));
end
% 最相关字符提取
[~, ind] = max(dis);
% 存储当前位置的识别结果
res{i/2,j} = cns{ind};
```

对定位到的答案字符图像,进行有效区域的定位,并统一尺寸为[50 30],将其应用于字符模板库进行相关系数计算，并提取最大相关系数对应的字符作为匹配识别结果。

1.5.3 识别结果可视化

网格内的答案字符图像识别后，可以将字符结果输出到对应的网格内进行显示，结合标准答案，比较分析识别结果，关键代码如下。

```
% 标准答案
res_real = ['ADCCBAADCB'
            'CAAADDBCCA'];
% 初始化答题卡答案
res = [];
% 初始化得分
score = 0;
figure; imshow(im); hold on;
for i = 2 : 2 : length(hr_loc)
    for j = 1 : 1 : length(vc_loc) - 1
        % 当前网格区域
        rect_ij = [vc_loc(j) hr_loc(i) vc_loc(j + 1) - vc_loc(j) ...
hr_loc(i + 1) - hr_loc(i)];
        % 提取内部像素
        bw_ij = imcrop(im, round(rect_ij));
        % 保留内部区域
        bw_ij = ~im2bw(bw_ij, graythresh(bw_ij));
        bw_ij = imclearborder(bw_ij);
        % 计算内部有效面积
        area_ij = sum(sum(bw_ij));
        if area_ij > numel(bw_ij) * 0.01
            % 如果内部存在答案字符,识别
            % 存储当前位置的识别结果
            res{i/2,j} = cns{ind};
            if isequal(res_real(i/2,j), res{i/2,j})
                % 正确
                text(rect_ij(1), rect_ij(2) + rect_ij(4) * 0.2, res{i/2,j}, ...'Color', 'g');
                score = score + 5;
            else
                % 错误
                text(rect_ij(1), rect_ij(2) + rect_ij(4) * 0.2, res{i/2,j}, ...'Color', 'r');
            end
        else
            % 如果内部不存在答案字符
            continue;
        end
    end
end
% 显示得分
text(10,20, sprintf('分数: %d', score), 'Color', 'r')
```

应用于当前处理的答题卡，对答案字符图像进行识别并对比显示，具体效果如图 1-8 所示。如图 1-8 所示,可以发现采用基于相关计算的模板匹配方法能正确识别网格内的答案字符。为了进行验证,将此处理流程应用于其他的答题卡图像,得到的结果如图 1-9 和图 1-10 所示,选择其他的答题卡图像依然能得到正确的检测及识别结果,方法具有一定的通用性。

分数: 55

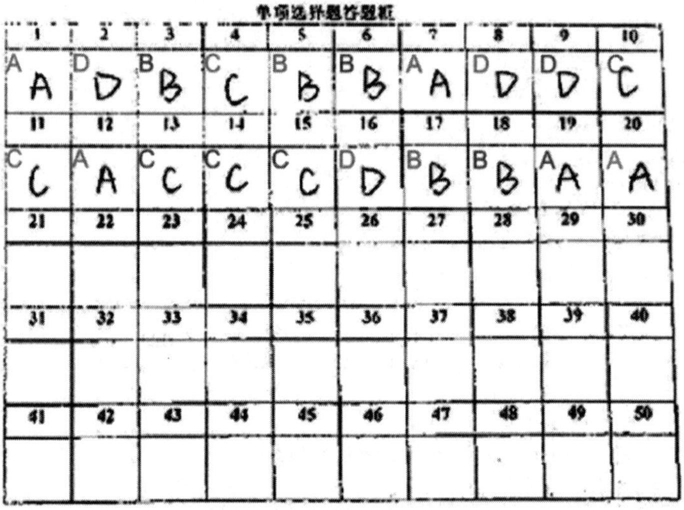

图 1-8　答题卡识别结果 1

分数: 55

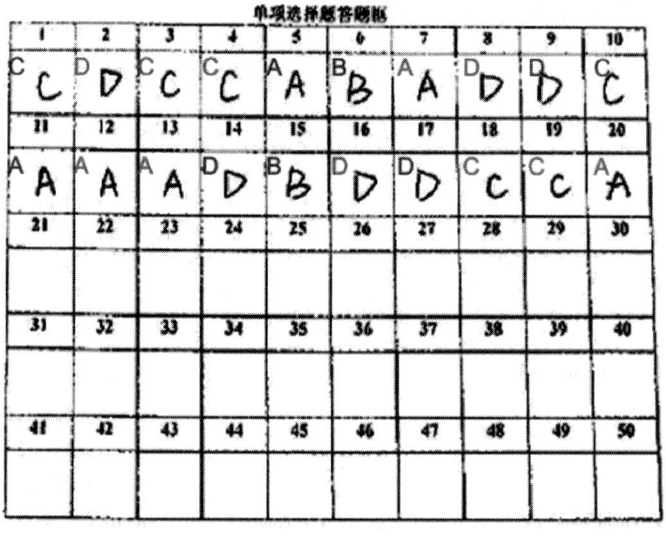

图 1-9　答题卡识别结果 2

分数：65

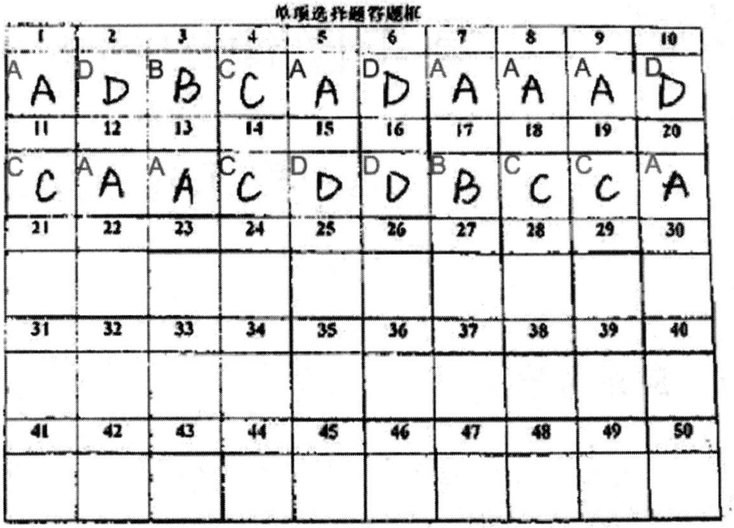

图 1-10　答题卡识别结果 3

1.6　案例小结

答题卡图像识别是典型的计算机视觉应用,覆盖了图像预处理增强、图像分割、匹配识别等模块,是一个视觉智能分析的综合案例。本案例主要使用了基础的二值化分割提高图像对比度、积分投影分割进行网格线定位、模板匹配进行字符识别,最终得到完整的答题卡图像预处理、分割、识别、计分的处理流程。

此外,在答题卡图像分割识别的实现过程中,每个模块又可使用多种方法进行处理,读者可以考虑融合其他方法进行改进,例如霍夫直线检测、神经网络字符识别等,进一步探索图像分割及识别的应用方法。

## 第 2 章

基于图像增强的雾天
图像优化方法

2.1 应用背景

图像是人类视觉的基础,自古就有"百闻不如一见"的经典语录,这也表明了图像能够反馈出所承载信息的完整性与真实性,是人们认识世界的重要信息来源。但是,在雾天情况下,图像采集过程难以避免会受到雾气的干扰,降低了图像细节的对比度,进而呈现出整体模糊、颜色失真等现象,降低了图像的完整性与真实性,给人们的生产和生活带来了较多不便。

图像增强可按设定的规则突出重要信息,降低或消除不必要的冗余信息。因此,采用图像增强技术,可以消除雾天图像中的雾气干扰,突出图像细节信息,提高雾天图像整体的对比度。本案例采用多种图像增强方法,对雾天图像进行清晰化处理,并计算多个指标进行整体的去雾效果评价,提高雾天图像的可视化效果。

2.2 雾天图像增强方法

2.2.1 全局直方图增强

图像直方图是对数字图像进行灰度分布的统计,可从分布曲线的视角反映出图像的整体灰度分布。例如,Uint8 类型的数字图像矩阵,其默认的灰度级为 $0\sim2^8-1$ 即 $0\sim255$,在 MATLAB 中可通过 imhist 函数进行直接绘制,关键代码如下。

```
% 读取图像
I = imread('pout.tif');
% 显示图像和直方图
figure; imshow(I); title('原图像');
figure; imhist(I); title('直方图分布');
```

运行后,可得到原图像及对应的直方图分布,分别如图 2-1 和图 2-2 所示。

图 2-1　原图像

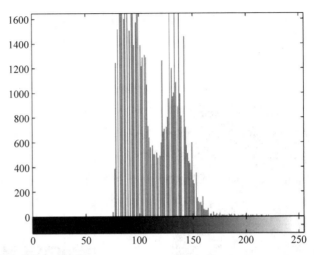

图 2-2　直方图分布

如图 2-1 所示,原图像整体呈现偏暗的特点,且存在部分细节模糊的情况。同时,从图 2-2 的直方图分布可以发现,图像的灰度总体集中在$[75,150]$的灰度范围内,这也正是图像整体偏暗的原因之一。本节通过调整图像的直方图来观察是否能改善图像的可视化效果,为此考虑进行直方图均衡化方法来调整图像整体的直方图分布,进而提高图像的整体清晰度。

直方图均衡化的基本思想是将原始的灰度统计直方图变换为均匀分布的形式,覆盖整体的灰度级提高图像整体的灰度范围,达到增强效果。假设某数字图像矩阵为$f(x,y)$,像素总数为N,灰度级范围为$[0,L]$,例如$L=255$表示 Uint8 类型的数字图像,令r_k表示灰度级、n_k表示此灰度级的像素个数,则直方图$P(r_k)$计算公式为:

$$P(r_k)=\frac{n_k}{N}, \quad 0 \leqslant k \leqslant L \tag{2-1}$$

直方图均衡化是指对原图像经图像变换得到新的灰度图像,且其直方图为呈现均匀分布的特点。为此,需要对原图像中像素个数不均匀的区域进行拓宽或缩减处理,具体就是将像素数目偏多的灰度级进行拓宽,而对像素数目偏少的灰度级进行缩减,进而达到均匀化分布的目标。直方图均衡化的基本步骤如下。

(1) 计算原图像直方图。

(2) 计算灰度映射表。

(3) 执行查表变换,利用灰度映射表计算原图像的像素得到新的像素值。

在 MATLAB 中可通过 histeq 函数进行直方图均衡化,关键代码如下。

```
J = histeq(I);
```

运行后可得到直方图均衡化后的图像及对应的直方图分布,如图 2-3 和图 2-4 所示。

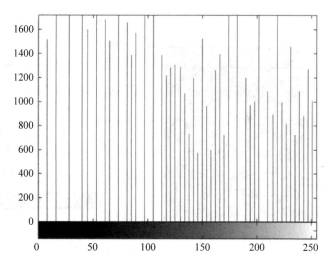

图 2-3　直方图均衡化后的图像　　　　　图 2-4　处理后的直方图分布

如图 2-3 所示,经直方图均衡化处理后的图像虽然在右上角的较暗区域存在一定的模糊,但相对于原图(图 2-1)在可视化效果上具有了较高的清晰度,整体呈现出明显的亮度改观,达到了较为明显的增强效果。如图 2-4 所示,经直方图均衡化处理后的直方图分布相对于原直方图(图 2-2)呈现出均衡化分布的特点,这也是直方图均衡化处理的直观显示。

因此,可对雾天图像采用全局直方图均衡化进行增强,并对比增强前后的直方图分布情况。考虑到灰度图与彩色图在图像矩阵维度上的不同,可直接采用 R、G、B 三通道遍历计算的方式进行处理,关键代码如下所示。

```
% 读取图像
I = imread('./images/demo.jpg');
for i = 1 : size(I, 3)
    % 遍历三通道进行处理
    J(:,:,i) = histeq(I(:,:,i));
end
```

运行后,可得到对雾天图像进行直方图均衡化前后的图像及对应的直方图分布,如图 2-5 所示。经全局直方图均衡化处理后,雾天图像得到了一定的改善,且处理后的直方图呈现出明显的均衡分布特点。但是,使用全局直方图增强后的图像出现了较为明显的失真问题,例如图像内的树木区域就出现了偏暗的情况,这也正是此方法的不足之处。

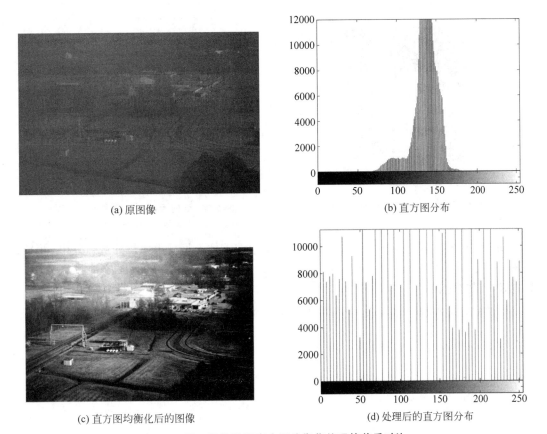

图 2-5 雾天图像进行直方图均衡化处理的前后对比

2.2.2 CLAHE 增强

限制对比度的自适应直方图均衡(Contrast Limited Adaptive Histogram Equalization, CLAHE)是一种自适应局部增强方法。通过全局直方图进行去雾增强,往往会面临局部细节失真等问题,因此需要考虑引入局部自适应的直方图均衡方法。CLAHE 方法主要特点是其具有对比度限幅的约束,可以对局部区域使用对比度限幅来提高增强效果,突出细节信息。此外,CLAHE 方法利用插值来提高计算效率,并能有效地控制灰度值集中的均衡化增强,降低噪声干扰。

在 MATLAB 中可通过 adapthisteq 函数进行直方图均衡化,关键代码如下。

```
J = adapthisteq(I);
```

运行后,可得到 CLAHE 方法处理后的图像及对应的直方图分布,如图 2-6 和图 2-7 所示。

图 2-6　CLAHE 方法处理后图像

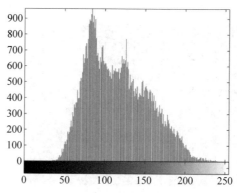

图 2-7　处理后直方图分布

　　如图 2-6 所示,经 CLAHE 方法处理后的图像在整体上呈现出明显的增强效果,并且直方图分布维持了原有的宏观趋势,在局部细节的处理上也比全局直方图的增强图(图 2-3)具有较为清晰的改进。

　　因此,可对雾天图像采用 CLAHE 方法进行增强,对比增强前后的直方图分布情况。考虑到灰度图与彩色图在图像矩阵维度上的不同,可直接采用 R、G、B 三通道遍历计算的方式进行处理,关键代码如下所示。

```
% 读取图像
I = imread('./images/demo.jpg');
for i = 1 : size(I, 3)
    % 遍历三通道进行处理
    J(:,:,i) = adapthisteq(I(:,:,i));
end
```

　　运行后,可得到对雾天图像进行 CLAHE 方法处理前后的图像及对应的直方图分布,如图 2-8 所示。经 CLAHE 方法处理后,雾天图像得到了明显的改善,且处理后的直方图保持了原直方图的分布态势并进行了一定的拓展。相比于图 2-5(a)所示的全局直方图增强效果,CLAHE 方法处理后的图像不存在失真问题,取得了良好的去雾效果。

2.2.3　Retinex 增强

　　Retinex 由 Retina(视网膜)+Cortex(大脑皮层)合成,所以也称为"视网膜大脑皮层"理论。Retinex 是基于人类视觉系统的颜色恒常性色彩理论,即物体的颜色具有一致性的特点,由物体对长波(红色)、中波(绿色)、短波(蓝色)光线的反射能力决定,不受光照非均匀性的影响,呈现颜色恒常性的特点。Retinex 增强方法可以平衡图像灰度动态范围压缩、图像边缘增强和图像颜色恒常三个指标,进而可将其应用于雾天图像的自适应增强。

　　Retinex 方法可将图像 $f(x,y)$ 分解为反射图 $s(x,y)$ 和低频亮度图的乘积 $l(x,y)$,通过将亮度图的低频消除,可以保留高频边缘信息,进而达到图像增强的效果,其处理流程如

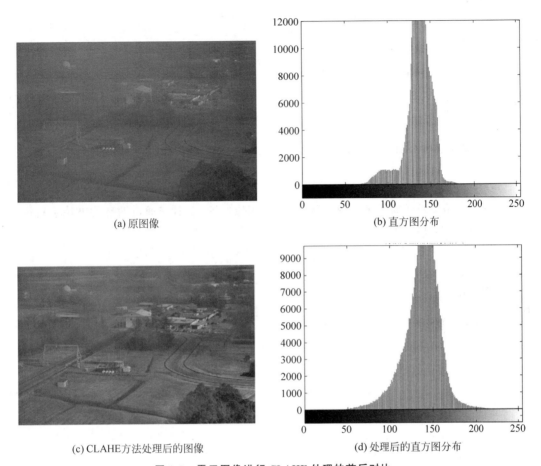

(a) 原图像　　　　　　　　　　　　(b) 直方图分布

(c) CLAHE方法处理后的图像　　　　(d) 处理后的直方图分布

图 2-8　雾天图像进行 CLAHE 处理的前后对比

图 2-9 所示。对 Retinex 增强流程进行简化,关键步骤总结如下。

(1) 图像 LOG 计算,将原图 $f(x,y)$ 分解为反射部分 $s(x,y)$×低频亮度部分 $l(x,y)$。

(2) 消除低频亮度部分,保留高频反色部分,得到 $r(x,y)$。

(3) 图像 EXP 计算,并进行自适应滤波输出。

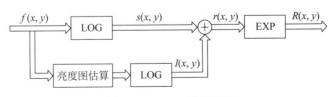

图 2-9　Retinex 增强流程

低频亮度部分 $l(x,y)$ 可以通过高斯低通滤波进行计算,假设滤波器 $g(x,y)$ 定义如下:

$$g(x,y) = \lambda e^{-\frac{x^2+y^2}{\sigma^2}}$$

$$\iint g(x,y)\mathrm{d}x\mathrm{d}y = 1 \tag{2-2}$$

其中，σ 为高斯环绕尺度，可作为参数进行调整。将其应用于原图做卷积计算，即可得到亮度分量公式如下：

$$l(x,y) = g(x,y)f(x,y) \tag{2-3}$$

最后，消除低频分量，保留高频分量，公式如下：

$$r(x,y) = \log\frac{s(x,y)}{l(x,y)} = \log(s(x,y)) - \log(l(x,y)) \tag{2-4}$$

根据 Retinex 增强的关键步骤，可针对雾天图像按 R、G、B 三通道循环的方法进行简化计算，关键代码如下所示。

```
% 读取图像
I = imread('./images/demo.jpg');
% 图像维度
[M, N, ～] = size(I);
% 滤波器参数
sigma = 150;
% 滤波器
g_filter = fspecial('gaussian', [M,N], sigma);
gf_filter = fft2(double(g_filter));
for i = 1 : size(I, 3)
    % 当前通道矩阵
    si = double(I(:, :, i));
    % 对 s 进行 log 计算
    si(si == 0) = eps;
    si_log = log(si);
    % fft 变换
    sif = fft2(si);
    % 滤波器滤波
    sif_filter = sif. * gf_filter;
    % ifft 变换
    srf_filter_i = ifft2(sif_filter);
    srf_filter_i(srf_filter_i == 0) = eps;
    % 对 g * s 进行 log 计算
    si_filter_log = log(srf_filter_i);
    % 计算 log(s) - log(g * s)
    Jr = si_log - si_filter_log;
    % 计算 exp
    Jr_exp = exp(Jr);
    % 归一化
    Jr_exp_min = min(min(Jr_exp));
    Jr_exp_max = max(max(Jr_exp));
    Jr_exp = (Jr_exp - Jr_exp_min)/(Jr_exp_max - Jr_exp_min);
    % 合并赋值
```

```
    J(:,:,i) = adapthisteq(Jr_exp);
end
```

　　运行后,可得到对雾天图像进行 Retinex 增强,处理前后的图像及对应的直方图分布,如图 2-10 所示。

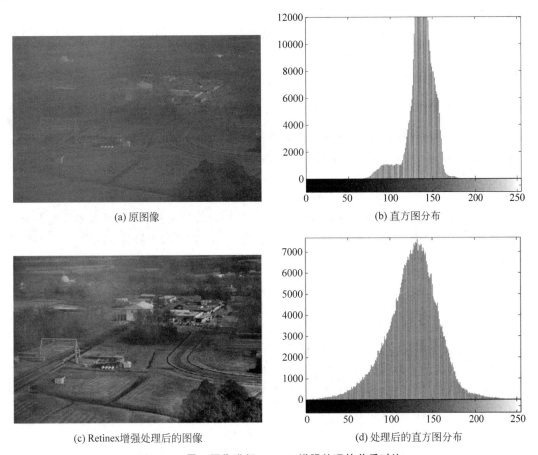

(a) 原图像　　　　　　　　　　　　　　(b) 直方图分布

(c) Retinex增强处理后的图像　　　　　　　(d) 处理后的直方图分布

图 2-10　雾天图像进行 Retinex 增强处理的前后对比

　　经 Retinex 增强处理后,雾天图像得到了明显的改善,且处理后的直方图保持了原直方图的波峰走势并进行了更加深入的拓展。相比于全局直方图增强、CLAHE 增强的处理效果,Retinex 增强处理处理后的图像不存在失真问题,也能保证图像整体的色彩分布,取得了良好的去雾效果。

2.3　增强效果评测

　　本案例选择 3 种经典的增强方法对雾天图像增强优化,为了进行去雾效果的有效性评价,本节探讨几种评价指标进行有效性分析。考虑到雾天图像的实际情况,一般难以提供一幅完全相同的晴天图像作为效果对比,因此图像去雾属于无参考图的优化增强,无法进行 PSNR(峰值信噪比)、RMSE(均方根误差)等指标计算。传统方法一般是观察者的主观视觉评价,但这容易受到个人因素的影响,难以保证评价的客观性。

本案例选择图像熵、均值、标准差、PIQE 值作为评价指标,对原图及不同方法增强后的结果图进行计算,作为参考指标进行效果评价。

(1) 数字图像可视作数值矩阵,而熵是矩阵特征的一种统计形式,它反映了平均信息量大小,可用于表示图像中灰度分布聚集特征所包含的信息量。结合图像直方图的定义,假设图像 $f(x,y)$ 中灰度级 i 的像素所占的比例为 p_i,则定义灰度图像的一维灰度熵为:

$$E = -\sum_{i=0}^{255} p_i \log(p_i) \tag{2-5}$$

(2) 数字图像矩阵的均值可反映图像像素值的亮度特性,即均值越大则亮度值越高,反之则越低。假设图像 $f(x,y)$ 为 M 行 N 列的矩阵,则其均值计算公式如下:

$$\mu = \frac{1}{M \times N} \sum_{x=1}^{M} \sum_{y=1}^{N} f(x,y) \tag{2-6}$$

(3) 数字图像矩阵的标准差可反映图像像素值与均值的离散程度,即标准差越大则对比度越高,反之则越低。假设图像 $f(x,y)$ 为 M 行 N 列的矩阵,均值为 μ,则其标准差计算公式如下:

$$\sigma = \sqrt{\frac{1}{M \times N} \sum_{x=1}^{M} \sum_{y=1}^{N} (f(x,y) - \mu)^2} \tag{2-7}$$

(4) 无参考图质量评价(Perception-based Image Quality Evaluator,PIQE)指标是一种经典的无参考图质量评价指标,主要依据是主观的图像质量评价更关注部分显著度高的区域,图像局部块的质量分数可得到整体质量分数。根据 PIQE 的大小确定图像清晰度的高低,PIQE 越小表示图像越清晰,反之表示图像越模糊。MATLAB 的库函数 piqe 可方便地计算 PIQE 指标,具体用法如下:

$$score = piqe(f) \tag{2-8}$$

传入图像矩阵,即可得到对应的 PIQE 指标。

为了方便进行图像评价指标的计算,封装了对应的子函数统一获取评价指标,关键代码如下。

```
function s = IQA2(Img, Jmg)
% 统一数据类型
img = im2uint8(mat2gray(Img));
jmg = im2uint8(mat2gray(Jmg));
% 计算熵
s.entropy = [get_entropy(img) get_entropy(jmg)];
% 计算均值和标准差
[s.img_mean(1),s.img_std(1)] = mean_std(img);
[s.img_mean(2),s.img_std(2)] = mean_std(jmg);
```

```
% 计算 PIQE
s.score(1) = piqe(img);
s.score(2) = piqe(jmg);
function res = get_entropy(x)
% 计算熵
n = 2^8;
x = double(x(:));
% 计算频次
y = hist(x, n);
% 计算概率
y = y / sum(y(:));
% 消除 0 干扰
y(y == 0) = eps;
% 计算熵值
res = - sum(y . * log2(y));
function [img_mean,img_std] = mean_std(x)
% 均值和标准差
x = double(x);
% 均值
img_mean = mean2(x);
% 标准差
img_std = std2(x);
```

将计算图像质量评价指标的函数封装为 IQA2.m,传入处理前后的数字图像矩阵即可得到评价指标结构体,方便进行调用分析。

此外,图像质量评价从统计学角度来看能在一定程度上衡量出图像的质量指标,但图像去雾处理可能会面临颜色失真、曝光过度等问题,这也可能会导致某些计算指标的无效,需要我们进行综合的多维度分析。

2.4　集成应用开发

为了更好地集成对比不同方法的处理效果,汇集对应的评价指标,本案例开发了一个GUI 界面,集成全局直方图增强、CLAHE 增强、Retinex 增强三方法进行雾天图像优化,并将图像熵、均值、标准差和 PIQE 指标进行表格呈现。其中,集成应用的界面设计如图 2-11所示。

分别运行全局直方图增强、CLAHE 增强、Retinex 增强,可得到对应的去雾结果,并在右下方的表格中显示评价指标,如图 2-12 所示。

如图 2-12 所示,中间的图像显示区显示了 3 种增强算法进行去雾的效果图,可以发现全局直方图增强方法的结果具有明显的颜色失真现象;CLAHE 方法能较好地保持原始的颜色分布,但清晰度相对偏低;Retinex 方法可在保持原图颜色分布的同时,进一步提高了

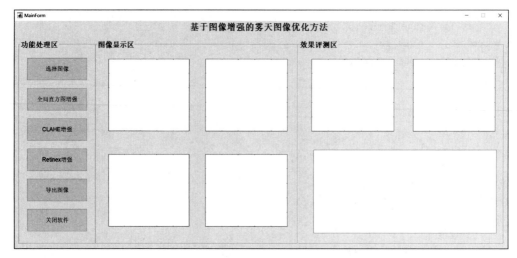

图 2-11　界面设计

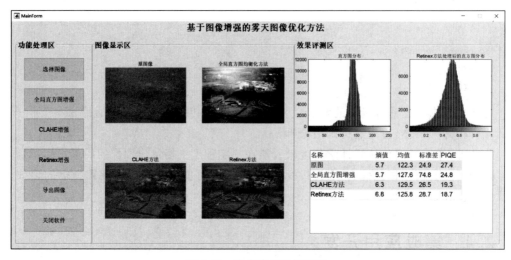

图 2-12　集成应用运行结果

图像清晰度。

　　通过观察右下方的评价指标可以看出,全局直方图方法在均值、标准差熵的值都偏高,但这正对应了其颜色失真的情况;CLAHE 方法在图像熵、均值、标准差、PIQE 指标上均有较好的表现,特别是均值整体是最高的,这也反映出了处理后亮度偏高的特点;Retinex 方法在图像熵、标准差、PIQE 指标相对于 CLAHE 方法具有一定的提升,这也对应了其清晰度的进一步提高。因此,综合来看对于此幅雾天图像的优化,Retinex 方法具有良好的性能,我们也可进行更深入的分析,例如参数修改、多方法融合等进行探索,进一步改进处理效果。

2.5 案例小结

雾天图像优化是经典的图像处理应用,本案例从基础的图像增强方法出发进行实验,融合了全局直方图增强、CLAHE 增强、Retinex 增强三种方法,并进行了无参考图评价指标的讨论,最终基于 GUI 框架搭建了雾天图像优化的集成应用,可方便地进行多方法去雾及指标分析。

读者也可以尝试其他的雾天图像、去雾算法、评价指标等,可能会得到不同的处理结果,这也是值得更进一步深入研究的方向。

## 第 3 章

基于颜色特征的森林火情
预警识别方法

3.1　应用背景

　　安全生产是关乎社会经济发展和人民生命财产安全的基础和保障,近年来火灾防控形势日趋严峻,特别是草原、森林面临较多的火灾风险隐患。森林火灾不仅损坏树木、植被,还带来了人员伤亡和财产的损失,亟须进行森林火情预警的相关布控工作,在火情预防的同时及时发现隐患,尽早扑灭,减少事故发生。传统的森林火情预警工作一般是以人工巡检、建立监测站的形式进行,随着科学的技术发展也引入了卫星林火监测、飞行器航拍等技术手段。但是,面对占地广阔的森林,人工监测和飞机巡航等方式也存在成本高、周期长的特点,尤其是对森林盲区的探测存在一定的限制。

　　随着图像采集和通信技术的不断发展,通过远程摄像机、无人机巡视等方式可以用相对低成本的方式获取森林实时状态的监控图像,可及时进行图像智能化分析,判断火情隐患,在萌芽阶段进行预警,有助于消防人员在第一时间到达现场处置,最大限度减少事故危害。

　　本案例针对森林监控抓拍图像,根据火情特点进行特征分析,采用颜色分割的思路检测定位火情疑似区域,并通过连通域属性分析判断火情信息,最终给出图像内火情位置的标记及预警信息。

3.2　火情特征分析

　　森林火情图像的特点一般是以森林、草丛、山体等为背景,部分区域存在火焰及烟雾现象。因此,对疑似火焰区域的检测分割是森林火情智能预警的基础思路之一。根据火焰呈现出的颜色特点,可选择不同的颜色空间进行分析,突出火焰区域,并将其与背景图像进行分离,分割出火情疑似区域。本节以某火情图像为例,选择常用的 RGB、HSV、CMYK 颜色空间进行对比分析。

3.2.1 RGB 颜色空间

RGB 颜色空间是硬件显示设备最常用的颜色模型,由红(Red)、绿(Green)、蓝(Blue)三基色构成,且每个颜色分量的范围默认区间为[0,255],通过三基色按比例混合即可构成其他颜色。下面通过设置 RGB 值,生成常见的颜色,关键代码如下。

```
% 白色: rgb(255,255,255)
im_white = uint8(ones(100,100,3) * 255);
% 黑色: rgb(0,0,0)
im_black = uint8(ones(100,100,3) * 0);
% 灰色: rgb(192,192,192)
im_gray = uint8(cat(3, ones(100,100) * 192, ...
ones(100,100) * 192, ones(100,100) * 192));
% 红色: rgb(255,0,0)
im_red = uint8(cat(3, ones(100,100) * 255, ones(100,100) * 0, ones(100,100) * 0));
% 绿色: rgb(0,255,0)
im_green = uint8(cat(3, ones(100,100) * 0, ...
ones(100,100) * 255, ones(100,100) * 0));
% 蓝色: rgb(0,0,255)
im_blue = uint8(cat(3, ones(100,100) * 0, ones(100,100) * 0, ones(100,100) * 255));
% 青色: rgb(0,255,255)
im_cyan = uint8(cat(3, ones(100,100) * 0, ...
ones(100,100) * 255, ones(100,100) * 255));
% 品红色: rgb(255,0,255)
im_magenta = uint8(cat(3, ones(100,100) * 255, ...
ones(100,100) * 0, ones(100,100) * 255));
% 黄色: rgb(255,255,0)
im_yellow = uint8(cat(3, ones(100,100) * 255, ...
ones(100,100) * 255, ones(100,100) * 0));
```

运行此段程序,将生成常见的颜色,按照 3×3 网格的形式进行组合存储,生成的图像及对应颜色如图 3-1 所示。

白	黑	灰
红	绿	蓝
青	品红	黄

(a) 颜色生成图像　　　　　(b) 对应颜色

图 3-1　常见的颜色生成

如图 3-2 所示,选择某森林火情样例图像进行分析,通过 imread 直接读取此图像并按 R、G、B 三通道进行分离,显示各个通道分量及相互的关系,具体效果如图 3-3 所示。在 RGB 颜色空间,三个通道分量是高度相关的,即如果某一个通道分量发生改变,其他通道分量也会随之发生变化,引起整体图像颜色的变化。另外,人眼对绿色通道敏感度高、红色通道敏感度次之、蓝色通道敏感度最低,所以 RGB 颜色空间是非均匀的颜色空间,不同颜色点之间的距离差并不能直接反馈到人眼视觉的差异,不符合人们对颜色的直观性感知。

图 3-2　待处理图像

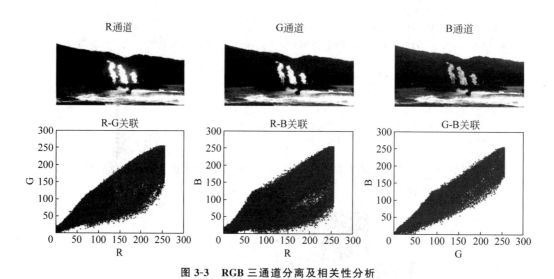

图 3-3　RGB 三通道分离及相关性分析

3.2.2　HSV 颜色空间

HSV 颜色空间由 H、S、V 三通道构成,分别对应色调(Hue)、饱和度(Saturation)、亮度(Value)三分量。HSV 颜色空间是面向人们视觉感知的颜色模型,符合对颜色的直观性理解,也称六角锥体模型(Hexcone Model),如图 3-4 所示。

图 3-4　HSV 颜色锥模型示意图

（1）Hue，也称为色调、色相，对应圆锥的环绕角度，表示色彩信息，即所处的光谱颜色的位置。取值范围为 0°～360°，从红色开始逆时针对应，常见的颜色对应关系如表 3-1 所示。

表 3-1　色调角度对应

颜色	角度/(°)	颜色	角度/(°)
红	0	黄	60
绿	120	青	180
蓝	240	品红	300

（2）Saturation，也称为饱和度、色彩纯净度，对应圆锥的中心线的距离，表示颜色接近光谱色的程度。取值范围为 0～1，值越大，颜色越饱度越高，呈现深艳色的特性。

（3）Value，也称为亮度、明度，对应圆锥的轴线高度，表示颜色明亮的程度。取值范围为 0～1，值越大则越亮，反之则越暗。

选择某森林火情样例图像进行分析，通过颜色空间转换将此图像转到 HSV 颜色空间，并按 H、S、V 三通道进行分离，显示各个通道分量及相互的关系，具体效果如图 3-5 所示。在 HSV 颜色空间，三个通道分量没有直接的相关性，而且 S 通道、V 通道均能突出显示火焰区域，具有较高的对比度。但是，不难发现火焰区域的 S、V 分量与周边天空、植被和水域等区域比较相近，在这对目标区域的检测识别也带来了一定的干扰。

3.2.3　CMYK 颜色空间

CMYK 颜色空间由 C、M、Y、K 四通道构成，对应于 Cyan、Magenta、Yellow、Black，也称为青色、品红色、黄色、黑色四分量，其中 K 对应于黑色（black）中的 K。CMYK 颜色空间广泛应用于印刷业，也常见于日常生活中遇到的喷墨式打印机的墨盒配件，通过 CMYK 不同的浓度叠加来生成不同的色彩。

印刷打印设备印刷通过三原色油墨（C、M、Y）和黑墨（K）可印制出色彩丰富的印刷品，

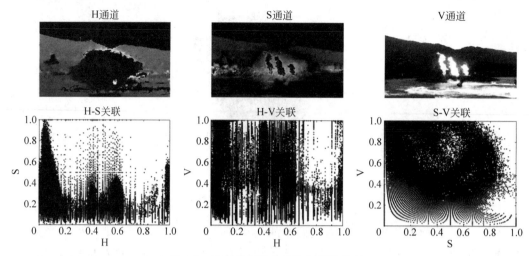

图 3-5　HSV 三通道分离及相关性分析

将 CMYK 叠加应用于白色背景，可减少光的反射量，提高印刷效果的对比度。但直接读取的图像默认是 RGB 颜色空间，所以需要建立 RGB 与 CMYK 两个颜色空间的相互转换关系。

1. RGB 转 CMYK

首先，进行归一化，将 R、G、B 数值范围从[0，255]转为[0，1]：

$$
\begin{cases}
R' = \dfrac{R}{255} \\[2mm]
G' = \dfrac{G}{255} \\[2mm]
B' = \dfrac{B}{255}
\end{cases}
\tag{3-1}
$$

然后，计算 K 分量：

$$
K = 1 - \max(R', G', B')
\tag{3-2}
$$

最后，计算剩余三个分量 C、M、Y：

$$
\begin{cases}
C = \dfrac{1-R-K}{1-K} \\[2mm]
M = \dfrac{1-G-K}{1-K} \\[2mm]
Y = \dfrac{1-B-K}{1-K}
\end{cases}
\tag{3-3}
$$

2. CMYK 转 RGB

按照式(3-1)～式(3-3)建立进行相逆的计算过程，具体公式如下：

$$\begin{cases} R = 255(1-C)(1-K) \\ G = 255(1-M)(1-K) \\ B = 255(1-Y)(1-K) \end{cases} \tag{3-4}$$

选择某森林火情样例图像进行分析,通过颜色空间转换将此图像转到 CMYK 颜色空间,并按 C、M、Y、K 四通道进行分离,显示各个通道分量图,具体效果如图 3-6 所示。在 CMYK 颜色空间,4 个通道均在一定程度上突出火焰区域,并能与背景图产生较为明显的对比度分离效果。考虑到,C 分量图存在一定的模糊性,以及式(3-3)中 K 分量与 C、M、Y 分量的计算关系,所以这里选择 M、Y 通道分量作为参考图进行综合分析,通过对两个通道分量做图像分割,定位出火焰区域的位置。

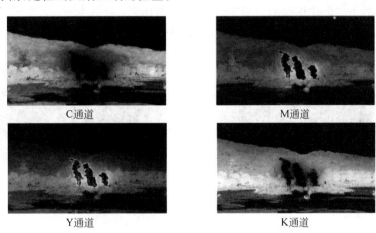

图 3-6　C、M、Y、K 四通道分离图示

3.3　火情区域检测

经颜色空间转换,提取对应的通道分量,可以突出火情疑似区域,具有阈值分割的可行性。通过观察发现,对于提取出的 M、Y 通道,山体、森林等背景区域呈现偏亮的特点,火焰内部呈现偏暗的特点,天空和道路一般分布区域较广且大多覆盖了边界区域。因此,可对 M、Y 通道图像进行增强及二值化分割,检测疑似火焰的区域,关键步骤如下所述。

(1) 对 M、Y 通道进行图像反色,突出火焰区域,如图 3-7 所示。

图 3-7　图像反色

（2）对反色后的图像，分别进行 otsu 二值化，并进行边界清理，如图 3-8 所示。

图 3-8　图像二值化

（3）合并两个二值化图像的重叠区域，如图 3-9 所示。

（4）通过形态学属性分析，消除异常区域的噪声干扰，如图 3-10 所示。

图 3-9　二值化图像合并

图 3-10　区域筛选

（5）提取保留区域范围，进行疑似区域标记，如图 3-11 所示。

采用基础的颜色特征分析，经过阈值分割和形态学属性滤波，可以得到火情疑似区域的位置，进行标记可视化，实现火情检测的目标。更进一步，读者也可以选择其他的颜色空间特征、区域检测和图像分割方法进行火情区域检测的实验，也可将其拓展到其他的图像目标检测应用。

图 3-11　区域标记

3.4　集成应用开发

为了更好地集成对比不同步骤的处理效果，贯通整体的处理流程，本案例开发了一个 GUI 界面，集成图像读取、预处理、颜色空间转换、火情区域检测等关键步骤，并显示处理过程中产生的中间结果图像。其中，集成应用的界面设计如图 3-12 所示。单击"图像读取"按钮可弹出文件选择对话框，可选择待处理图像并显示到右侧窗口；单击预处理按钮，可以分别对原 RGB 图像按照 R、G、B 三通道进行中值滤波处理,并在右侧窗口显示处理前后的图像及直方图对比。

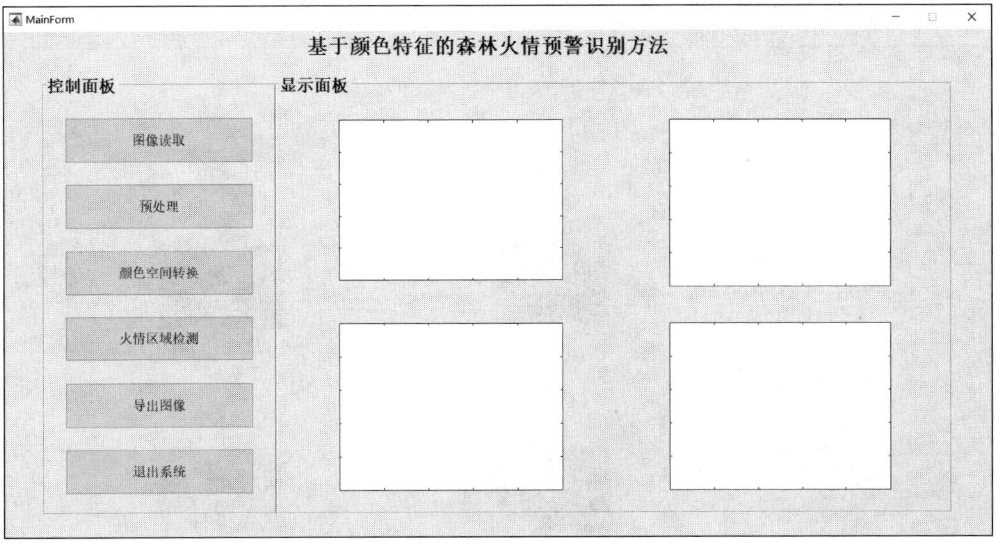

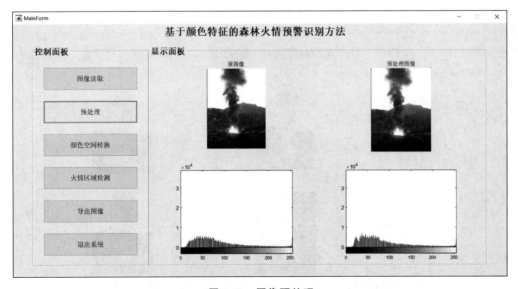

图 3-12　界面设计

为了验证处理流程的有效性,选择另外的图像进行实验,具体效果如图 3-13 所示。此实验图经预处理后,图像整体相对更加平滑,且直方图分布依然保持原有的态势,更加突出显示了火情区域。

图 3-13　图像预处理

单击"颜色空间转换"按钮,将预处理后的 RGB 图转换为 CMKY 图,并将在右侧窗口显示 M、Y 通道分量图,具体效果如图 3-14 所示。颜色空间转换模块可将预处理后的 RGB 图转换为 CMKY 图,并获得反色后的 M、Y 通道分量图,提高火情疑似区域的显示对比度。

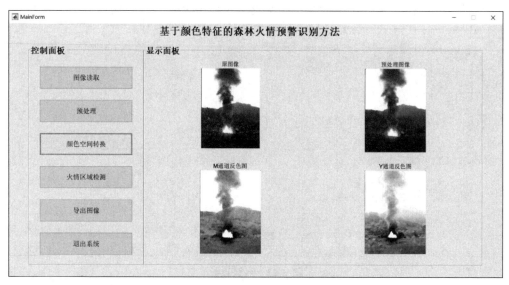

图 3-14 颜色空间转换效果图

单击"火情区域检测"按钮,将进行二值化分割和形态学滤波筛选,获得二值化筛选图以及火情疑似区域的检测结果,并在右侧窗口显示,具体效果如图 3-15 所示,火情区域检测模块可获得疑似区域的位置并进行弹窗提示。

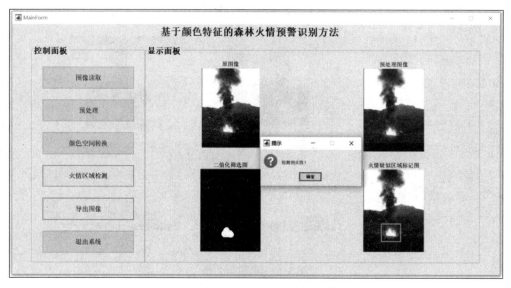

图 3-15 火情区域检测效果图

为了验证处理流程的有效性，可选择其他图像进行实验，并对无火情的图像进行实验分析，具体效果如图 3-16 和图 3-17 所示。

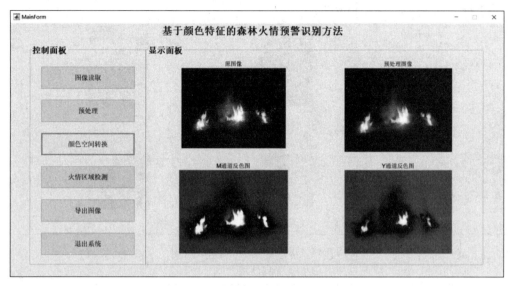

图 3-16　火情图像颜色通道分解图

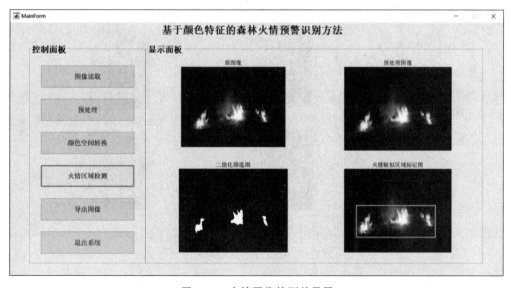

图 3-17　火情图像检测效果图

如图 3-18 和图 3-19 所示，选择了另外 2 幅图像进行实验，分别是含火情图像、正常图像，可以发现通过颜色空间转换和分割检测，能够有效地检测出火情存在情况并给出相关提示或标记。读者可以尝试其他的图像进行实验分析，也可选择不同的颜色空间模型或分割方法，进行实验拓展。

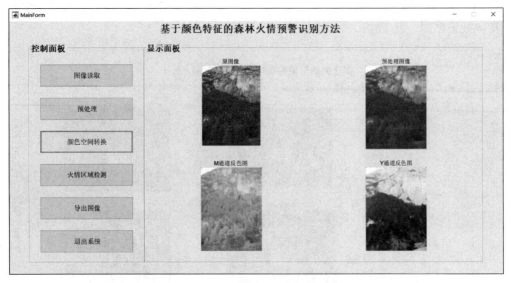

图 3-18   正常图像颜色通道分解图

图 3-19   正常图像检测效果图

3.5   案例小结

基于计算机视觉技术进行森林火情预警是典型的智能化分析应用,本案例从基础的颜色空间转换和图像分割技术出发进行实验,选择 CMYK 颜色空间模型提高火情区域的对比度,通过二值化分割和形态学滤波方法获取疑似区域位置,最终基于 GUI 框架搭建了森林火情预警识别的集成应用,可方便地进行各个步骤的效果对比分析。

考虑到图像颜色特征与拍摄时所处的天气状况、拍摄条件的相关性,仅考虑颜色特征来定位火情区域可能存在一定的局限性,作为基础案例的延伸,读者也可以尝试其他的目标检测算法、分类判断模型等,例如可利用深度学习的检测框架(例如 Faster RCNN、YOLO 等)、分类识别框架(例如 DBN、CNN 等)可能会得到不同的处理结果,这也是值得更进一步深入研究的方向。

进 阶 篇

## 第 4 章

基于混沌编码的图像
加密算法应用

4.1　应用背景

随着网络信息技术的不断发展,特别是智能手机的出现和普及,图像作为主流的多媒体信息文件得以更为广泛的存储和传输。因此,数字图像的加密及安全性研究也越来越重要,而采用一种合理的加密和解密方法是数字图像安全存储和传输的基础,需要结合数字图像的特点进行方案设计。由于数字图像本质上是二维矩阵,具有较多的数据量,且相邻像素之间可能存在一定的相关性,进而产生像素冗余等现象。所以,传统的一维数据加密、文本加密等方法不能直接适用于数字图像的加密,需要结合图像自身特性,设计专门的编码加密方案。

混沌系统具有伪随机性、初值敏感性和高效性的优势,生成的混沌序列具有类噪声性和非周期性的特点,适用于图像加密的应用需求。本案例使用经典的 Logistic 混沌映射得到混沌序列,并给出离散余弦变换(DCT)进行图像压缩,将混沌加密和 DCT 压缩进行结合,构造一个图像加密压缩方案。最后,从处理前后的参数对比、抗攻击性能和秘钥敏感性等角度的分析,建立一个基于混沌编码的图像加密算法应用。

4.2　图像加密

4.2.1　Logistic 混沌系统

混沌现象是指发生在一个确定性系统中的貌似随机的不规则运动,具有不确定性、不可重复、不可预测的行为特点,是非线性动力系统的固有特性。混沌系统一个典型的特点是其演变过程对初始状态十分敏感,例如气候学中经典的“蝴蝶效应”现象。美国气象学家爱德华·洛伦兹(Edward N. Lorenz)为了预报天气,通过计算机模拟仿真地球天气方程式,在求解过程中为了提高预测精度,他将某个中间结果取出提高精度后再返回继续计算,结果却发现非常细微的差异却导致计算结果的大相径庭,因此得出混沌系统的初值极端不稳定的结论。于是,在一次演讲中,他提出一个著名的比喻,即"在巴西一只蝴蝶拍打一下翅膀,可能在美国得克萨斯州引起一场龙卷风!"这也是"蝴蝶效应"的由来。

Logistic 映射是经典混沌系统,广泛应用于伪随机数序列生成,以典型的一维 Logistic 映射为例,其定义公式如下:

$$x_{n+1} = \mu x_n (1 - x_n) \quad \mu \in [0,4], x_n \in (0,1) \tag{4-1}$$

其中,μ 称为分支参数,$\{x_n\}$ 为 Logistic 混沌序列,相关研究指出,只有当 $3.56994567 \leqslant \mu \leqslant 4$ 时,Logistic 映射才具有混沌性质。下面按照式(4-1)的定义,随机选择序列 $\{x_n\}$ 的初值,遍历分支参数 μ 的取值生成模拟序列,并进行绘图,关键代码如下。

```
% 模拟 Logistic 混沌序列
figure; hold on; box on;
title('Logistic 映射仿真');
xlabel('分支参数 u'),
ylabel('序列\{xn\}');
% u 范围为 0～4,xn 范围为 0～1
axis([0, 4, 0, 1]);
us = linspace(0, 4, 5e2);
% 迭代计算序列 xn
for i = 1 : length(us)
    x = [];
    % 设置随机初值
    x(1) = abs(rand(1));
    u = us(i);
    for n = 1 : 1.5e2
        % 按公式计算
        x(n + 1) = u * x(n) * (1 - x(n));
    end
    % 设置对应绘制的序列
    u = repmat(u, 1, length(x));
    plot(u(1e2:1.5e2),x(1e2:1.5e2),'k.','markersize',3);
    % 刷新显示
    pause(1e - 3);
end
plot([3 3], [0 1], 'r-- ');
plot([3.56994567,3.56994567], [0 1], 'g-- ');
```

运行此段代码,将按照式(4-1)进行 Logistic 混沌序列的仿真生成,具体如图 4-1 所示。Logistic 混沌序列分布在区间 $(0,1)$,其与分支参数 μ 具有明显的关联。当 $\mu \leqslant 3$ 时(红色虚线),迭代结果趋于稳定;然后随着 μ 的增加迭代结果越来越分散;当 $\mu \geqslant 3.56994567$ 时

（绿色虚线），迭代结果不收敛，呈现出混沌状态。同时，在分支参数 μ 和初值确定的情况下，Logistic 混沌序列也具有确定性，适合作为加密参数。

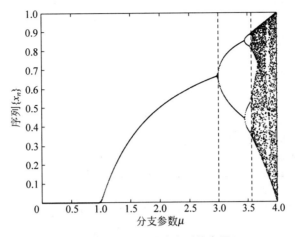

图 4-1　Logistic 混沌序列仿真图

4.2.2　离散余弦变换压缩

离散余弦变换（Discrete Cosine Transform，DCT）是一种块变换方式，广泛应用于图像压缩、水印嵌入和图像加密应用。类似傅里叶变换，DCT 也可将空域数据转换到频域，且具有良好的去相关性能。通过 DCT，可将图像能量集中于 DCT 域的左上角区域，使用量化表即可快速的消除冗余信号，再通过逆 DCT 变换返回空域，达到图像压缩的效果。在MATLAB 中，可通过 dctmtx 函数获取 DCT 域矩阵，通过 blkproc 进行遍历计算得到 DCT结果，再经系数选择后逆变换返回空域，进而可比较处理前后的压缩效果。为了进行比较，我们选择 RGB 样例图进行压缩，关键代码如下所示。

```
clc; clear all; close all;
filename = 'football.jpg';
img = imread(filename);
imo = img;
rgb_flag = false;
if ndims(img) == 3
    % 如果是 RGB，将第三维度水平叠加到第二维度
    rgb_flag = true;
    img = [img(:,:,1) img(:,:,2) img(:,:,3)];
end
% DCT 矩阵
block_size = 8;
T = dctmtx(block_size);
```

```
% 系数选择模板
mask = [1,1,1,1,1,0,0,0
    1,1,1,1,0,0,0,0
    1,1,1,0,0,0,0,0
    1,1,0,0,0,0,0,0
    1,0,0,0,0,0,0,0
    0,0,0,0,0,0,0,0
    0,0,0,0,0,0,0,0
    0,0,0,0,0,0,0,0];
% DCT 计算子函数
dct_fun = @(block_struct) T * block_struct.data * T';
% 逆 DCT 计算子函数
idct_fun = @(block_struct) T' * block_struct.data * T;
% 系数选择子函数
coef_mask_fun = @(block_struct) mask. * block_struct.data;
% DCT
jmg = blockproc(double(img),[block_size,block_size],dct_fun);
% 系数选择
jmg2 = blockproc(jmg,[block_size,block_size],coef_mask_fun);
% 逆 DCT
img2 = blockproc(jmg2,[block_size,block_size],idct_fun);
if rgb_flag == true
    % 还原 RGB 结构
    sz = size(img2);
    img2 = cat(3, img2(:,1:sz(2)/3), ...
        img2(:,1 + sz(2)/3:2 * sz(2)/3), img2(:,1 + 2 * sz(2)/3:end));
end
img2 = im2uint8(mat2gray(img2));
% 比较压缩效果
[～,name,ext] = fileparts(filename);
filename2 = [name '2' ext];
imwrite(img2, filename2);
info1 = imfinfo(filename);
info2 = imfinfo(filename2);
[psnr_value, snr_value] = psnr(img2, imo);
fprintf('\n原文件大小为 % d byte,DCT 压缩后文件大小为 % d byte,压缩比为 % .2f,压缩后 PSNR =
% .2f,SNR = % .2f\n', info1.FileSize, info2.FileSize, info1.FileSize/info2.FileSize, psnr_
value, snr_value);
```

运行后,可获得 DCT 压缩后的图像,并输出压缩前后的文件大小、压缩比和峰值信噪比 PSNR 的对比说明,具体效果如图 4-2 和图 4-3 所示。

压缩效果说明:原文件大小为 27130 字节,DCT 压缩后文件大小为 9621 字节,压缩比为 2.82,压缩后 PSNR=24.71,SNR=15.59。

图 4-2　DCT 压缩前的 RGB 图像

图 4-3　DCT 压缩后的 RGB 图像

因此,采用 DCT 压缩具有计算简洁、压缩效果明显的特点,可有效减少图像的冗余信息,保留图像有效内容,适合进行图像编码计算。

4.2.3　混沌加密

数字图像可视作 $M \times N$ 的二维矩阵,对于 $M \times N \times 3$ 形式的 RGB 图像,可参考 DCT 压缩过程,将其可视为 R、G、B 三通道矩阵的叠加,转为 $M \times (3 \times N)$ 的二维矩阵,处理后再将其还原为 $M \times N \times 3$ 形式的 RGB 图像。因此,将图像矩阵经 DCT 压缩后可得到保留的 DCT 系数向量,可将其视作一维序列,可方便地进行加密和 DCT 还原计算。Logistic 混沌序列在分支参数 μ 和初值固定的情况下具有确定性,且可生成任意长度的一维序列,可方便地进行加密计算。为了提高混沌加密的可靠性,选择两个 Logistic 混沌序列分别进行置乱加密和符号加密,并进行多次循环加密,具体过程如下所示。

(1) 读取数字图像,如果是 $M \times N \times 3$ 形式的 RGB 则转为 $M \times (3 \times N)$ 的二维矩阵。

(2) 生成 8 阶 DCT 矩阵,对图像矩阵按 8×8 的块遍历补 0 填充,使其能完成循环 DCT 计算,并设置系数选择矩阵,提取保留的 DCT 系数生成待加密的序列。

(3) 设置第 1 组 Logistic 混沌序列的分支参数 μ 和初值,进行置乱加密得到置乱后的序列。

(4) 设置第 2 组 Logistic 混沌序列的分支参数 μ 和初值,进行符号加密得到符号加密后的序列。

(5) 设置循环次数,进行(3)、(4)循环计算。

(6) 输出加密序列,进行存储及可视化。

总结以上步骤,混沌加密的流程图如图 4-4 所示。

下面以某彩色图为例,结合混沌加密的关键步骤进行编程实验,具体过程如下。

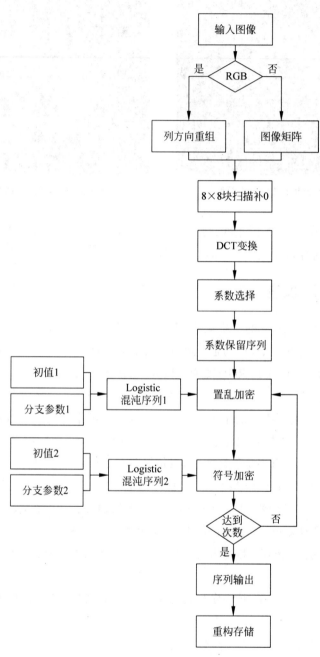

图 4-4　混沌加密流程图

1. 图像读取与重组

```
% 读取图像
filename = 'football.jpg';
img = imread(filename);
imo = img;
rgb_flag = false;
if ndims(img) == 3
    % 如果是RGB,将第三维度水平叠加到第二维度
    rgb_flag = true;
    img = [img(:,:,1) img(:,:,2) img(:,:,3)];
end
```

运行此段程序,可读取如图 4-5 所示的指定的彩色图像,这是待处理的 RGB 图。将其按水平方向叠加,转换为待处理的二维矩阵,重组图像如图 4-6 所示。

图 4-5 原图像   图 4-6 重组图像

2. 图像矩阵按 8×8 的块遍历补 0 填充

```
% 图像按8*8块扫描补0
[M,N] = size(img);
block_size = 8;
if rem(M, block_size) > 0
    % 如果行不是 block_size 的倍数
    img((1 + (M − rem(M, block_size))/block_size) * block_size, 1) = 0;
end
if rem(N, block_size) > 0
    % 如果列不是 block_size 的倍数
    img(1, (1 + (N − rem(N, block_size))/block_size) * block_size) = 0;
end
% 记录实际的行列数
MO = M; NO = N;
% 记录补 0 后的行列数
[M,N] = size(img);
```

运行此段程序,可按照 8 的倍数对图像矩阵的行列进行补 0,此实验图的维度为 256×960,满足 8×8 块区域遍历的条件,不需要补 0。

3. DCT 计算

运行以下程序,可进行块遍历方式的 DCT 计算,并按照设定的 8×8 系数模板做系数选择,保留高能量的系数,消除冗余信息。

```matlab
% DCT 矩阵
T = dctmtx(block_size);
% 系数选择模板
mask = [1,1,1,1,1,0,0,0
    1,1,1,1,0,0,0,0
    1,1,1,0,0,0,0,0
    1,1,0,0,0,0,0,0
    1,0,0,0,0,0,0,0
    0,0,0,0,0,0,0,0
    0,0,0,0,0,0,0,0
    0,0,0,0,0,0,0,0];
% DCT 计算子函数
dct_fun = @(block_struct) T * block_struct.data * T';
% 逆 DCT 计算子函数
idct_fun = @(block_struct) T' * block_struct.data * T;
% 系数选择子函数
coef_mask_fun = @(block_struct) mask.* block_struct.data;
% DCT
jmg = blockproc(double(img),[block_size,block_size],dct_fun);
% 系数选择
jmg2 = blockproc(jmg,[block_size,block_size],coef_mask_fun);
```

提取待加密编码的系数,并将其转为向量形式,关键代码如下所示。

```matlab
% 保留系数的个数
num = M/block_size * N/block_size * length(find(mask(:) == 1));
% 保留系数的索引位置
ind = find(mask(:) == 1);
% 初始化保留系数向量
coef_vec = [];
for i = 1 : M/block_size
    for j = 1 : N/block_size
        % 当前 8×8 区域
        jmg_block = jmg2((i-1) * block_size + 1:i * block_size, ...
(j-1) * block_size + 1:j * block_size);
        % 提取当前区域保留的系数
        jmg_block2 = jmg_block(ind);
        % 存储
        coef_vec = [coef_vec jmg_block2(:)'];
    end
end
```

由此得到系数向量 coef_vec,对应于块区域的个数以及系数保留模板的非 0 个数,长度为：

$$M/block\_size \times N/block\_size \times length[find(mask(:) == 1)] = 57600$$

因此，需设置长度为 57600 的 Logistic 混沌序列进行加密。

4. Logistic 混沌序列生成

为了提高加密过程的可靠性，选择双 Logistic 混沌序列进行加密，分别对应于置乱加密、符号加密，为此设置两个 Logistic 混沌序列，对应的分支参数和初值如下所示：

$$\begin{cases} \mu_1 = 3.9999 \quad x_1 = \dfrac{1}{\sqrt{2}} \\ \mu_2 = 3.7777 \quad x_2 = \dfrac{1}{\sqrt{3}} \end{cases} \tag{4-2}$$

如上定义了两个 Logistic 混沌序列，为了保证计算结果的确定性，对初值设置取 4 位小数，参考前面叙述的 Logistic 混沌序列生成代码，结合序列长度的约束，对应的两个 Logistic 混沌序列生成代码如下所示。

```
% Logistic 混沌序列 1
% 分支参数
u1 = 3.9999;
% 初值设置
x1 = 1/sqrt(2);
% 保留 4 位小数
x1 = str2num(sprintf('%.4f', x1));
xn1(1) = x1;
for i = 1 : num + 1e3
    % 迭代计算
    xn1(i + 1) = u1 * xn1(i) * (1 - xn1(i));
end
% 取指定长度的序列
xn1 = xn1(length(xn1) - num + 1:end);
% 对应到位置序列
[~, ind1] = sort(xn1, 'descend');
% Logistic 混沌序列 2
% 分支参数
u2 = 3.7777;
% 初值设置
x2 = 1/sqrt(3);
% 保留 4 位小数
x2 = str2num(sprintf('%.4f', x2));
xn2(1) = x2;
for i = 1 : num + 1e3
    % 迭代计算
    xn2(i + 1) = u2 * xn2(i) * (1 - xn2(i));
end
```

```
% 取指定长度的序列
xn2 = xn2(length(xn2) - num + 1:end);
% 对应到符号序列
ind2 = xn2 > 0.5;
xn2(ind2) = 1;
xn2(~ind2) = -1;
```

运行此段程序,将得到两个 Logistic 混沌序列,分别通过排序获得置乱加密向量$\{x_{n1}\}$,通过截断赋值获得符号加密向量$\{x_{n2}\}$。

5. 循环加密

为了进一步提高加密的破解难度,选择循环加密的方式,将置乱加密和符号加密按设定的循环次数进行多轮,关键代码如下。

```
% 循环进行置乱及符号加密
loop = 1e3;
coef_vec1 = coef_vec;
coef_vec2 = coef_vec;
for i = 1:loop
    for j = 1: num
        % 置换加密
        coef_vec2(j) = coef_vec1(ind1(j));
    end
    % 符号加密
    coef_vec1 = coef_vec2. * xn2;
end
% 加密结果
coef_vec = coef_vec1;
% 结果导出 mat/txt/excel 等
save coef_vec.mat coef_vec rgb_flag M0 N0 M N loop u1 x1 u2 x2
```

运行此段程序,将对系数向量进行 1000 次的置乱和符号加密,将最终结果更新赋值为 coef_vec,并将关键参数保存到 mat 文件,用于解密计算。

6. 逆 DCT

循环加密后得到的 coef_vec 是一维向量,参考逆 DCT 的过程,可将其还原为图像矩阵,并根据设置的 RGB 标志将其拆分还原为 RGB 形式的图像矩阵,关键代码如下所示。

```
% 将序列还原到矩阵形式
k = 1;
jmg3 = zeros(M,N);
for i = 1 : M/block_size
    for j = 1 : N/block_size
        % 当前 8×8 区域
        jmg_block = zeros(block_size,block_size);
        % 设置当前区域保留的系数
        jmg_block(ind) = coef_vec((k - 1) * length(ind) + 1:k * length(ind));
        % 存储
```

```
        jmg3((i - 1) * block_size + 1:i * block_size, ...
(j - 1) * block_size + 1:j * block_size) = jmg_block;
        k = k + 1;
    end
end
% 逆 DCT
img2 = blockproc(jmg3,[block_size,block_size],idct_fun);
if rgb_flag == true
    % 还原 RGB 结构
    sz = size(img2);
    img2 = cat(3, img2(:,1:sz(2)/3), ...
img2(:,1 + sz(2)/3:2 * sz(2)/3), img2(:,1 + 2 * sz(2)/3:end));
end
```

运行此段程序,将对系数向量块循环逆 DCT 还原操作,结合 RGB 标志将其还原为图像矩阵,效果如图 4-7 所示。加密图示呈现出明显的不规则加密的特点,跟原图(图 4-6)相比没有直接的关联。

图 4-7　加密图示效果

4.3　图像解密

4.3.1　混沌解密

图像解密的过程可视作加密过程逆操作,首先设置相同分支参数和初值,可得到与加密过程相同的两个 Logistic 混沌序列,然后循环对加密系数向量进行符合和置乱的逆向解密,最后进行逆 DCT 还原得到图像矩阵,具体过程如下。

(1)加载加密后的系数向量及参数信息;

(2)根据第 2 组 Logistic 混沌序列的分支参数 μ_2 和初值 x_2 进行符号解密,得到符号解密后的序列;

（3）根据第 1 组 Logistic 混沌序列的分支参数 μ_1 和初值 x_1 进行置乱解密,得到置乱解密后的序列;

（4）根据循环次数,进行第（2）、（3）步的循环计算;

（5）输出解密序列,进行逆 DCT 重构。

总结以上步骤,混沌解密的流程图如图 4-8 所示。

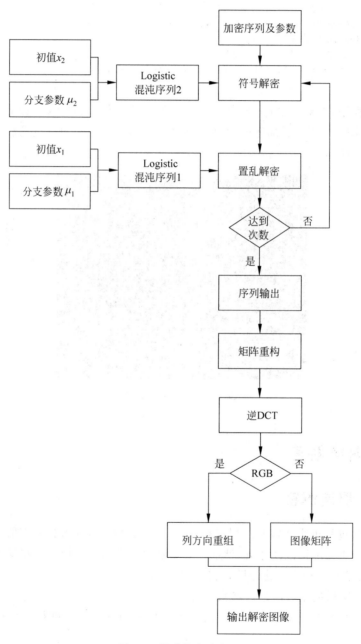

图 4-8　混沌解密流程图

下面以混沌加密导出的数据文件为例,结合图 4-8 所示的关键步骤进行编程实验,具体过程如下。

1. 循环解密

根据设置 Logistic 混沌序列的分支参数和初值,对加密训练按照指定的循环次数进行符号解密和置乱解密,关键代码如下。

```
load coef_vec
% 序列长度
num = length(coef_vec);
% Logistic 混沌序列 1
xn1(1) = x1;
for i = 1:num + 1e3
    xn1(i + 1) = u1 * xn1(i) * (1 - xn1(i));
end
xn1 = xn1(length(xn1) - num + 1:end);
[∼, ind1] = sort(xn1, 'descend');
% Logistic 混沌序列 2
xn2(1) = x2;
for i = 1:num + 1e3
    xn2(i + 1) = u2 * xn2(i) * (1 - xn2(i));
end
xn2 = xn2(length(xn2) - num + 1:end);
xn2(xn2 > 0.5) = 1;
xn2(xn2 <= 0.5) = -1;
% 循环解密
for i = 1:loop
    % 符号解密
    coef_vec2 = coef_vec * xn2;
    for j = 1:num
        % 置换解密
        coef_vec(ind1(j)) = coef_vec2(j);
    end
end
```

运行此段程序,可对加密序列按照设定的规则进行循环解密,得到解密后的序列。

2. 矩阵重构

根据设置的块大小及模板参数,可将序列对应到每一个块区域的有效数据位置,进而将其还原为矩阵形式,关键代码如下。

```
% 系数选择模板
mask = [1,1,1,1,1,0,0,0
        1,1,1,1,0,0,0,0
        1,1,1,0,0,0,0,0
        1,1,0,0,0,0,0,0
```

```
            1,0,0,0,0,0,0,0
            0,0,0,0,0,0,0,0
            0,0,0,0,0,0,0,0
            0,0,0,0,0,0,0,0];
ind = find(mask(:) == 1);
% 将序列还原到矩阵形式
% 分块大小
block_size = 8;
T = dctmtx(block_size);
idct_fun = @(block_struct) T' * block_struct.data * T;
jmg3 = zeros(M,N);
k = 1;
for i = 1 : M/block_size
    for j = 1 : N/block_size
        % 当前 8×8 区域
        jmg_block = zeros(block_size,block_size);
        % 设置当前区域保留的系数
        jmg_block(ind) = coef_vec((k - 1) * length(ind) + 1:k * length(ind));
        % 存储
        jmg3((i - 1) * block_size + 1:i * block_size,...
            (j - 1) * block_size + 1:j * block_size) = jmg_block;
        k = k + 1;
    end
end
```

运行此段程序,可对解密后的序列按照设定的块大小及位置重构成矩阵形式,用于后面的逆 DCT 还原。

3. 逆 DCT

根据设置的块大小生成 DCT 矩阵,设置逆 DCT 函数句柄,将其应用于前面生成的重构矩阵,得到逆 DCT 还原结果,并结合 RGB 图像标志进行数字图像的重构,关键代码如下。

```
% 逆 DCT
img3 = blockproc(jmg3,[block_size block_size],idct_fun);
img3 = img3(1:M0,1:N0,:);
if rgb_flag == true
    % 还原 RGB 结构
    sz = size(img3);
    img3 = cat(3, img3(:,1:sz(2)/3), ...img3(:,1 + sz(2)/3:2 * sz(2)/3), img3(:,1 + 2 * sz(2)/3:end));
end
img3 = im2uint8(mat2gray(img3));
```

运行此段程序,可进行逆 DCT 还原,根据行列数及 RGB 标志重构数字图像矩阵,生成的图像如图 4-9 所示。

图 4-9　混沌解密结果图

经混沌解密可将加密序列还原成普通的空域图像,具有良好的可视化效果,下面结合原始图像对图像解密的效果进行评测,分析处理前后的相关指标数据。

4.3.2　效果评测

为了进行效果比较,对原图和处理图进行读取,分别计算图像熵和峰值信噪比(PSNR)指标,并计算图像存储空间的变化,关键代码如下。

```
% 读取图像
img = imread(origin_file);
jmg = imread(process_file);
% 计算熵
s.entropy = [get_entropy(img) get_entropy(jmg)];
% 计算 PSNR
[psnr_value,snr_value] = psnr(jmg, img);
s.psnr = psnr_value;
s.snr = snr_value;
% 文件大小
info1 = imfinfo(origin_file);
info2 = imfinfo(process_file);
% 输出结果
fprintf('\n 原文件大小为 % d byte,信息熵为 % .3f,处理后文件大小为 % d byte,信息熵为 % .3f,压
缩比为 % .2f,处理后 PSNR = % .2f, SNR = % .2f。\n', info1.FileSize, s.entropy(1), info2.
FileSize, s.entropy(2), info1.FileSize/info2.FileSize, psnr_value, snr_value);
```

运行后,可得到原图与处理图的比较结果。原文件大小为 27130 字节,信息熵为 7.180,处理后文件大小为 9621 字节,信息熵为 7.002,压缩比为 2.82,处理后 PSNR = 24.57,SNR = 15.45。

处理后图像的峰值信噪比(PSNR)为 24.57,在视觉效果上能与原图像保持一致,同时

图像存储空间压缩比为 2.82,进一步节约了存储空间。因此通过本案例的混沌加解密处理,可以在保持图像内容的同时,进一步起到图像压缩的效果,这也是 DCT 在加解密过程的有效表现之一。

4.3.3 攻击评测

1. 噪声攻击

为了验证混沌加解密的稳定性,对加密序列加入高斯分布随机噪声和均匀分布随机噪声,关键代码如下。

```
% 序列长度
num = length(coef_vec);
% 加入与序列同长度的高斯分布随机噪声
coef_vec1 = coef_vec + 50 * randn(1, num);
% 加入与序列同长度的均匀分布随机噪声
coef_vec2 = coef_vec + 60 * rand(1, num);
```

然后按照同样的过程进行解密,查看解密效果,得到效果如图 4-10 和图 4-11 所示。

图 4-10　加入高斯分布噪声的混沌解密结果图　　图 4-11　加入均匀分布噪声的混沌解密结果图

加入噪声后,依然能还原出有效的结果图像,虽然解密图存在一定的噪声干扰,但在视觉效果上能分辨出图像的关键信息,这也说明了此方法具有良好的抗噪性能。

2. 秘钥攻击

图像混沌加密的关键参数包括 Logistic 混沌序列的分支参数 μ_1、μ_2 和初值 x_1、x_2,循环次数 loop,选择某些参数进行微小的改变,来查看解密效果,如图 4-12～图 4-14 所示。

在解密时对分支参数、初值、循环次数进行微小的改变,均会对解密结果带来明显的影响,从而无法得到准确清晰的解密图,这也说明了此方法具有较强的密钥敏感性。

图 4-12 μ_1 由 3.9999 修改为 3.99999 的
混沌解密结果图

图 4-13 x_1 由 0.7071 修改为 0.70711 的
混沌解密结果图

图 4-14 loop 由 1000 修改为 999 的混沌解密结果图

4.4 集成应用开发

为了更好地集成对比不同步骤的处理效果,贯通整体的处理流程,本案例开发了一个
GUI 界面,集成图像加密、图像解密和性能评测等关键步骤,并显示处理过程中产生的中间
结果图像。其中,集成应用的界面设计如图 4-15 所示。

单击"选择图像"按钮可弹出文件选择对话框,可选择待处理图像并显示到中间的显示
面板;用户可设置加密参数,选择是否加噪声或加入某种噪声,然后单击"图像加密"按钮,
可以分别对待加密图像进行混沌加密,并在中间的显示面板显示加密处理后的图像。为了
验证处理流程的有效性,选择另外的图像进行实验,具体效果如图 4-16 所示。此实验图经
设定的加密参数进行加密后,呈现出明显的不规则加密效果。

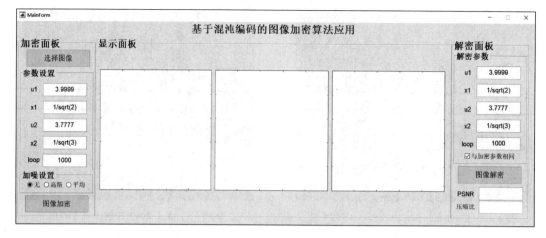

图 4-15　界面设计

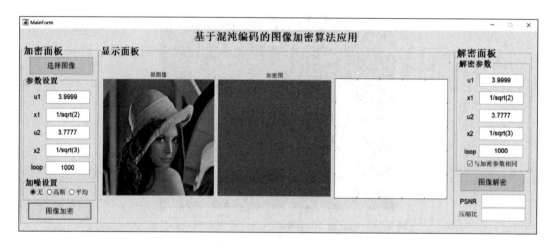

图 4-16　图像加密效果图

　　在不修改解密参数的前提下单击"图像解密"按钮,将按照同样的混沌加密参数执行解密,具体效果如图 4-17 所示。在保持参数不变的情况下,图像解密操作可以获取解密后的图像并计算处理前后的 PSNR 和压缩比,发现处理后图像的 PSNR 为 24.176,在视觉效果上能与原图保持一致,同时图像存储空间压缩比为 3.714,进一步节约了存储空间。

　　下面尝试修改解密参数,并在中间的窗口显示,具体效果如图 4-18 所示。在修改解密参数的情况下,图像解密操作无法获得正确的解密结果,这也表明了此方法对秘钥的敏感性,微小的密钥参数修改即可在图像整体范围上影响解密效果。

　　下一步尝试设置增加噪声后进行解密,并在中间的窗口显示,具体效果如图 4-19 和图 4-20 所示。分别加入高斯、平均噪声后,依然能还原出有效的结果图像,且能较为清晰地表达图像的整体细节信息,这也说明了此方法具有良好的抗噪性能。

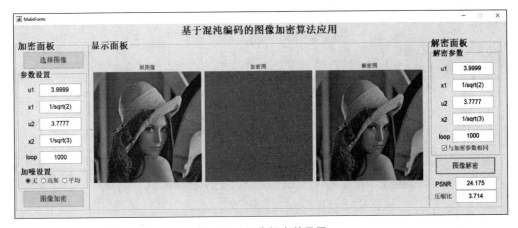

图 4-17 图像解密效果图

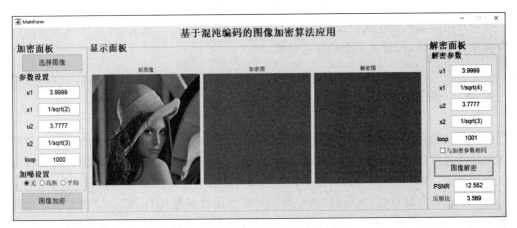

图 4-18 修改解密参数后的效果图

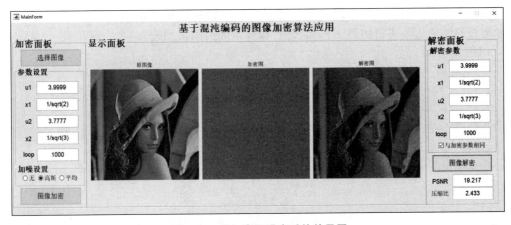

图 4-19 增加高斯噪声后的效果图

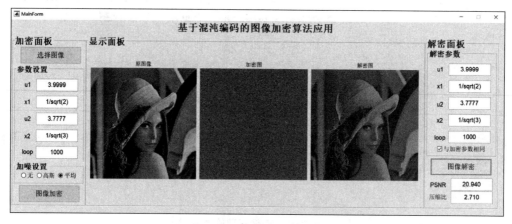

图 4-20 增加平均噪声后的效果图

读者可以尝试用其他的图像和不同的加密参数来查看处理效果,分析混沌加密过程中各个步骤的实际作用,做进一步的应用延伸。

4.5 案例小结

随着大数据技术的发展,图像数据安全加密也越来越受到关注,如何用有效的加密技术将图像信息进行隐藏及还原是图像加密的关键,检验图像加密效果的标准之一就是解密后在视觉效果上与原图相比不出现较大的偏差,并且应具有一定的抗攻击性、较高的秘钥敏感性。混沌系统具有随机性、遍历性、确定性和对初始条件的敏感性,适合应用于图像加密领域。因此,本案例选择经典的 Logistic 混沌序列,结合图像 DCT 压缩得到系数序列,经置乱和符号进行多轮加密,实验表明此方法操作简单且能取得良好的加密性能。

读者可以考虑引入其他的混沌系统,例如 Chen 混沌系统、Lorenz 混沌系统等,结合不同的图像编解码方法进行图像加密和解密,构建不同的图像加密算法。

## 第 5 章

基于信息隐藏的多格式

文件加密算法应用

5.1 应用背景

信息隐藏一般是指将秘密信息隐藏在其他载体文件中,例如常见的将信息嵌入到图像/音频/视频等多媒体文件,然后通过载体文件的传输实现秘密信息的传递。不同于信息加密带来的视觉差异,信息隐藏的特点是可以将秘密信息隐藏到外观正常的文件中且不发生明显的变化,一般不会引起人们的注意,在不知觉间完成了秘密信息的隐藏和传递,增强了通信的隐蔽性。图像是互联网中常用的多媒体文件,具有明显的可视化效果,且一般存在较多的视觉冗余,适合作为信息隐藏的载体进行嵌入和传输。

人类的视觉系统具有一定的视觉不敏感性,特别是对于图像颜色细微变化一般难以察觉,而这也是选择将图像作为载体进行信息隐藏的基本依据之一。图像最低有效位(Least Significant Bit,LSB)隐藏是一种简单高效的信息隐藏方法,将对载体图像做较小的改变即可嵌入大量的秘密信息,且在视觉上不会对载体图像带来明显的视觉变化。在文件编码方面,Base64 是当前网络通信传输中最常用的编码方式之一,使用 64 个字符"A-Z、a-z、0-9、+、/"的编码方式来表示二进制数据,具有跨平台、格式统一以及易于传输的优点。

传统的 LSB 信息隐藏往往是将图像或文本隐藏到载体图像,具有一定的局限性。为了能够将多格式文件隐藏到载体图像,本案例采用 Base64 编码的思路将多格式的文件进行 Base64 编码,增加字符错位加密后再以字符串的方式嵌入载体图像,进而可完成统一的嵌入和提取操作,形成面向多格式文件的信息隐藏及加密应用。

5.2 信息隐藏加密

5.2.1 LSB 信息隐藏

LSB 信息隐藏的核心思想是对载体图像的像素最低有效位进行嵌入,只改变最低位或其他低位的位元值,将秘密信息在指定低位进行叠加,避免影响像素高位的位元值,对图像整体而言属于细微的变化,人眼一般难以直接分辨经 LSB 信息隐藏后的图像。对于待嵌入的秘密信息,可通过二进制流文件读取的方式将其转换为 0、1 序列,进而可以方便地将其叠加到像素的低位,实现对载体图像的 LSB 信息隐藏。综上所述,LSB 信息隐藏的流程如图 5-1 所示。LSB 信息隐藏需要判断可嵌入位置数和待嵌入信息长度的大小,只有可嵌入位置数超出待嵌入信息长度时才能执行低位嵌入。数字图像具有较多的信息容量,且存在一定的视觉冗余,一般能满足秘密信息的嵌入要求。本案例选择最简单的文本文件作为待嵌入信息源,将其嵌入到载体图像最低位,关键步骤及代码叙述如下。

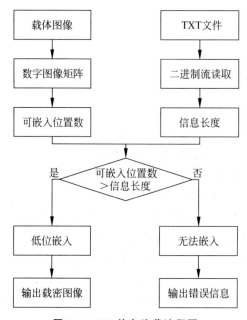

图 5-1　LSB 信息隐藏流程图

1. 文件读取

读取载体图像和待嵌入的秘密文件,注意将秘密文件以二进制流的方式进行读取。

```
% 设置待加密的 txt 文件
txt_file = fullfile(pwd, 'demo.txt');
% 读取 txt 文件
fid = fopen(txt_file,'r');
[msg, msg_num] = fread(fid,'ubit1');
fclose(fid);
% 设置载体图像
img = imread(fullfile(pwd, 'images', 'lena.jpg'));
imo = img;
rgb_flag = false;
if ndims(img) == 3
    % 如果是 RGB,将第三维度水平叠加到第二维度
```

```
        rgb_flag = true;
        img = [img(:,:,1) img(:,:,2) img(:,:,3)];
    end
    img = double(img);
```

为了演示基本的实验流程,选择彩色的 lena 图像作为载体,并通过第三维度水平叠加到第二维度的方式将其转换为二维矩阵,使用简单的 txt 文件作为秘密文件,具体如图 5-2 和图 5-3 所示。

图 5-2 载体图像

图 5-3 待隐藏文件

2. 嵌入条件判断

通过二进制流的方式读取秘密文件能得到 0、1 序列,为了保证序列能有效地嵌入载体图像的最低位,需要判断图像像素个数与序列长度的关系,如果图像像素个数小于序列长度,则给出报错信息,关键代码如下。

```
% 判断是否符合嵌入条件
[M, N] = size(img);
if msg_num > M * N
    error('载体图像维度无法满足隐藏信息长度要求,请核查!');
end
```

3. 最低位嵌入

遍历秘密信息的二进制序列,将其嵌入到图像像素的最低位。选择最简单的经典 LSB 嵌入方法,先将图像像素最低位设置为 0,然后将秘密信息叠加到最低位,这样即可保持最低位嵌入的有效性,关键代码如下。

```
% 遍历扫描嵌入
```

```
k = 1;
for c = 1:N
    for r = 1:M
        if k > msg_num
            %  如果嵌入完毕
            break;
        end
        %  最低位嵌入
        img(r,c) = img(r,c) - mod(img(r,c),2) + msg(k,1);
        k = k + 1;
    end
end
end
```

4. 含密图像保存

秘密信息嵌入后,可根据其 RGB 标记进行矩阵重构,并保存到文件,关键代码如下所示。

```
%  嵌入隐藏信息后的图像
if rgb_flag == true
    %  还原 RGB 结构
    sz = size(img);
    img = cat(3, img(:,1:sz(2)/3), img(:,1+sz(2)/3:2*sz(2)/3), img(:,1+2*sz(2)/3:end));
end
%  写出文件
imwrite(uint8(img), 'zt_m.png')
%  计算 psnr
peaksnr = psnr(uint8(img),imo)
```

经过如上步骤运行后,将得到嵌入秘密信息的图像文件,如图 5-4 所示。嵌入秘密信息后的图像在视觉上无法分辨与原图(图 5-2)的差别,对应的 PSNR 值为 57.7,由此可见采用经典的 LSB 信息隐藏具有计算简单、失真度低的特点。

图 5-4　含密图像

5.2.2　Base64 编解码

Base64 是一种基于 64 个可打印字符来表示二进制数据的表示方法,字符内容包括"A-Z、a-z、0-9、＋、/",是一种可逆的编码方式。通过二进制文件流的方式读取文件后,可得到二进制序列,采用 Base64 编解码即可完成文件流与字符串的相互转换,便于进行统一的字符串读写,避免文件形式的隔离性。例如,将图像编码为 Base64 字符串,存储到数据库,待使用时直接读取数据库即可得到编码字符串并解码为可显示的图像形式,这样即可减少图像文件存储维护的成本,提高系统的数据完整性。

Base64 是经典的编解码方法,可直接调用对应的函数接口来实现调用,例如在 Java 环境下使用 Base64.encodeBase64、Base64.decodeBase64 完成编解码,在 Python 环境下使用 base64.b64encode、base64.b64decode 完成编解码,在 MATLAB 环境下使用 matlab.net.base64encode、matlab.net.base64decode 完成编解码。为了保持程序的一致性,对上面提到的 txt 文件在 MATLAB 环境下通过文件流形式读取并进行 Base64 编解码实验,关键代码如下。

```
% 设置待加密的 txt 文件
txt_file = fullfile(pwd, 'demo.txt');
% 读取 txt 文件
fid = fopen(txt_file,'r');
[msg, msg_num] = fread(fid);
fclose(fid);
% base64 编码
bs_code = matlab.net.base64encode(msg)
% base64 解码
bs_decode = matlab.net.base64decode(bs_code);
fid2 = fopen('demo2.txt', 'w');
fwrite(fid2, bs_decode(:));
fclose(fid2);
```

运行此段程序,可对示例 txt 文件进行文件流读取并编码为 Base64 字符串,然后对此字符串进行 Base64 解码,保存为另外一个 txt 文件,运行效果如图 5-5 所示。按照 txt 格式写出解码文件后,可以发现内容与原文件完全相同,这也说明了对文件进行 Base64 编解码的有效性。

更进一步对 docx 文件进行此项操作,查看编解码后的效果,具体如图 5-6 所示。按照与编码文件同样的文件格式写出解码文件后,可以发现内容与原文件完全相同,类似地也可以推广到其他格式的文件。

因此,对多格式的文件按文件流方式读取并进行 Base64 编码,可将其统一为字符串形式,但需注意在解码写出文件时保持文件格式的一致性。

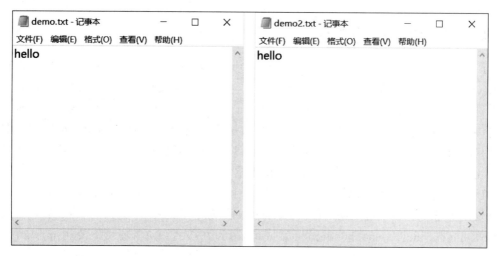

图 5-5　对 txt 文件进行 base64 编解码效果对比

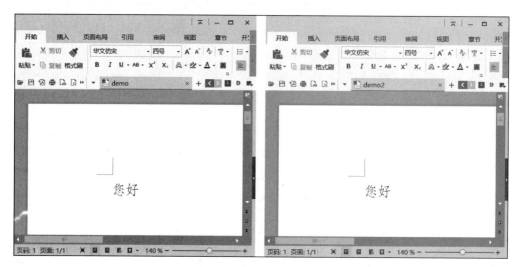

图 5-6　对 docx 文件进行 base64 编解码效果对比

5.2.3　多格式文件隐藏加密

不同格式的文件可通过文件流 Base64 编码的方式统一做成字符串形式,进而可将文件格式信息和编码字符串组合存储为 txt 文件,再对其进行 LSB 信息隐藏即可完成多格式的文件隐藏。在此过程中,参考之前的混沌加密案例,可对 txt 文件内容通过 Logistic 混沌加密的方式进行置乱,进而实现多格式的文件隐藏加密效果。综上所述,多格式文件隐藏加密的流程如图 5-7 所示。

多格式文件隐藏加密的预操作过程是对文件流进行 Base64 编码及 Logistic 混沌加密,进而可加入字符串结束的标志位并将其统一存储为 txt 格式的文件,之后即可参照 LSB 信

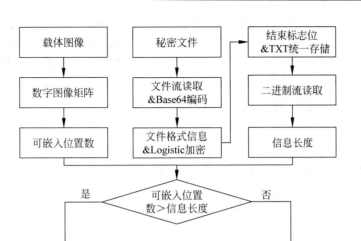

图 5-7　多格式文件隐藏加密流程图

息隐藏流程(见图 5-1)进行信息隐藏。下面以某 docx 文件为例,根据多格式文件隐藏加密流程进行实验,主要步骤如下。

1. 秘密文件 Base64 编码

以文件流的方式对秘密文件进行读取,并对其进行 Base64 编码,关键代码如下所示。

```
% 设置待加密的文件
in_file = fullfile(pwd, 'demoz.docx');
% 读取文件
fid = fopen(in_file,'r');
[msg, msg_num] = fread(fid);
fclose(fid);
% base64 编码
bs_code = matlab.net.base64encode(msg)
```

运行此段程序,可对待加密的文件读取并编码为 Base64 字符串,其中待加密文件如图 5-8 所示。

经过 Base64 编码后,得到的字符串长度为 21608,选中载体图为彩色的 512×512 大小的 lena.jpg,像素个数为 $512\times512\times3=786432$,所以可满足此编码结果的隐藏要求。

2. 文件格式信息及 Logistic 混沌加密

前面讨论过,Base64 解码后需要确定文件的格式才能将文件流正确写出,所以这里将文件格式信息与 Base64 编码字符串进行融合,关键代码如下所示。

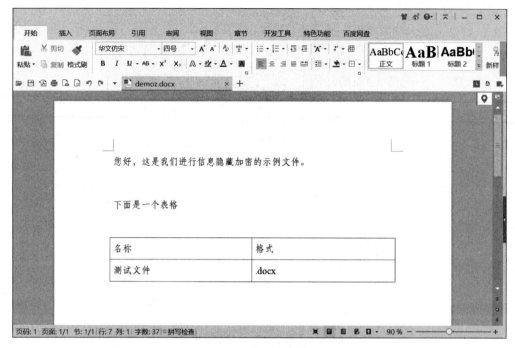

图 5-8　待加密文件

```
% 文件格式
[∼, ∼, ext] = fileparts(in_file);
% 字符串融合
bs_code = [ext ';' bs_code];
```

根据 Base64 编码的字符集内容,可通过将文件格式加入";"分隔符的方式将二者进行融合。然后,采用 Logistic 混沌加密的方式进行循环置乱加密,关键代码如下。

```
% Logistic 混沌加密
num = length(bs_code);
% 分支参数
u = 3.9999;
% 初值设置
x0 = 1/sqrt(2);
% 保留 4 位小数
x0 = str2num(sprintf('%.4f', x0));
xn(1) = x0;
for i = 1 : num + 1e3
    % 迭代计算
    xn(i + 1) = u * xn(i) * (1 - xn(i));
end
% 取指定长度的序列
xn = xn(length(xn) - num + 1:end);
% 对应到位置序列
[∼, ind] = sort(xn, 'descend');
```

```
% 循环置乱加密
loop = 1e3;
coef_vec1 = bs_code;
for i = 1:loop
    for j = 1: num
        % 置乱加密
        coef_vec2(j) = coef_vec1(ind(j));
    end
    coef_vec1 = coef_vec2;
end
% 加密结果
coef_vec = coef_vec1;
```

这里设置 Logistic 的分支系数为 3.9999，初值为 0.7071，循环次数为 1000，这也是 Logistic 混沌加密的关键参数，待解密时也需要同样的设置。之后，可将此加密后的字符串进行 txt 存储，作为待隐藏的文件，关键代码如下。

```
% 写出 txt 文件
fid = fopen('demoz.txt', 'wt');
fprintf(fid,'%s#', coef_vec);
fclose(fid);
```

运行后将得到 txt 文件，存储了加密后的字符串内容且以 # 作为字符串结束的标志，如图 5-9 所示。

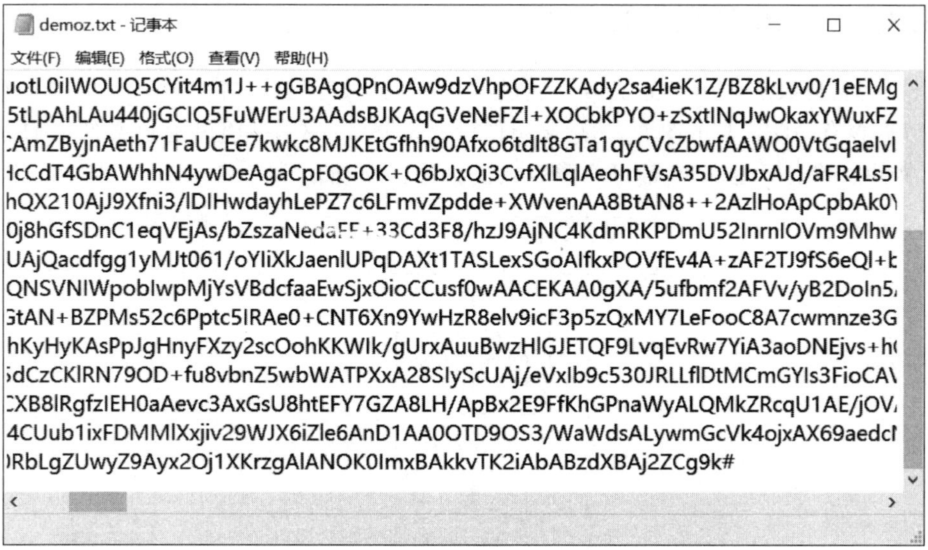

图 5-9　待隐藏文件

3. 信息隐藏

待隐藏文件统一为 txt 格式，可直接应用 LSB 信息隐藏的步骤进行相关操作，执行后得到的含密图像(即包含隐藏信息的图像)如图 5-10 所示。嵌入秘密信息后的图像在视觉上无法分辨与原图(图 5-2)的差别,对应的 PSNR 值为 57.7,由此可见采用 Base64 编码及 Logistic 混沌加密后进行 LSB 信息隐藏也能得到正确的加密结果。

图 5-10　含密图像

5.3　信息提取解密

5.3.1　LSB 信息提取

LSB 信息提取是 LSB 信息隐藏的逆过程,针对前面对测试文件 demo.txt 进行的信息隐藏,读取含有隐藏信息的图像,然后遍历像素解析 0、1 序列,并将其通过文件流的方式写入 txt 文件。综上所述,LSB 信息隐藏的流程如图 5-11 所示。

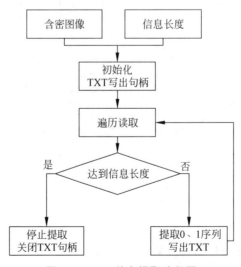

图 5-11　LSB 信息提取流程图

如图 5-11 所示，LSB 信息提取的关键在于按照指定的信息长度对图像遍历，提取 0、1 序列写入文件流，关键代码如下。

```matlab
img = imread('zt_m.png');
if ndims(img) == 3
    % 如果是 RGB,将第三维度水平叠加到第二维度
    img = [img(:,:,1) img(:,:,2) img(:,:,3)];
end
img = double(img);
[M,N] = size(img);
% 写出提取出的 txt 文件
fpath = './demo_tiqu.txt';
% 设置空 txt 文件
fid = fopen(fpath,'wt');
fclose(fid);
fid = fopen(fpath,'w + ');
% 信息的长度
msg_num = 40;
p = 0;
h = waitbar(0, '', 'Name', '正在处理...');
for c = 1:N
    waitbar(c/N, h, sprintf('Process: % d % % ', round(c/N * 100)));
    for r = 1:M
        p = p + 1;
        % 判断是否停止
        if p > msg_num
            break;
        end
        % 按文件流的方式写入
        if bitand(img(r,c),1) == 1
            fwrite(fid,1,'ubit1');
        else
            fwrite(fid,0,'ubit1');
        end
    end
end
waitbar(0.99, h, sprintf('Process: % d % % ', round(0.99 * 100)));
close(h);
% 关闭文件流
fclose(fid);
```

运行此段程序，可对前面隐藏信息后的图像进行读取和解析，提取隐藏的信息并写文件，具体效果如图 5-12 和图 5-13 所示。

按照 txt 格式将文件提取后，可以发现内容与原文件完全相同，这也说明了对文件进行 LSB 信息隐藏的有效性。同时，需要注意的是这里设置了隐藏序列的长度，用于判断是否停止提取，这作为一个数值信息在传递过程中容易丢失或混淆，为此可考虑加入特殊字符标记的方法来判断停止提取，5.3.2 节多格式文件提取解密过程中将进行此项处理。

图 5-12　待隐藏文件

图 5-13　提取的文件

5.3.2　多格式文件提取解密

根据 LSB 信息隐藏及提取的过程,可将 txt 以二进制文件流的形式隐藏和提取,而 txt 文件可存放任意的字符串信息。因此,可对多格式文件进行 Base64 编码和混沌加密得到字符串信息,将其写入 txt 文件,然后可按照二进制文件流的形式进行信息隐藏和提取,最后经混沌解密和 Base64 解码即可还原文件。为了减少文件格式、编码长度的信息存储和传递,将格式信息写入待加密文件的格式信息也写入到 Base64 编码后的字符串,并对混沌加密后的字符串添加特殊字符标记"♯",用于表示序列结束。综上所述,多格式文件提取解密的流程如图 5-14 所示。

如图 5-14 所示,多格式文件提取解密的关键在于未出现停止符标记的情况下对图像遍历,提取 0、1 序列写入文件流,通过停止符标记拆分字符串进行混沌解密,获取图像格式并进行 Base64 解码,写出指定格式的文件。下面我们以前面进行的某 docx 文件隐藏加密为例,根据多格式文件隐藏解密流程进行实验,主要步骤如下。

1. 图像读取

与前面的图像读取方式相同,读取含密图像,如果是 RGB 格式则将其第三维度水平叠加到第二维度,并获取其行列数[M,N]。

2. 信息提取

与前面的 LSB 信息提取过程类似,遍历提取像素低位,写出二进制的 txt 文件流,只是这里我们加入了停止符标志位"♯"用于判断是否停止提取,并对字符串进行截取,只保留有效的字符串内容,关键代码如下。

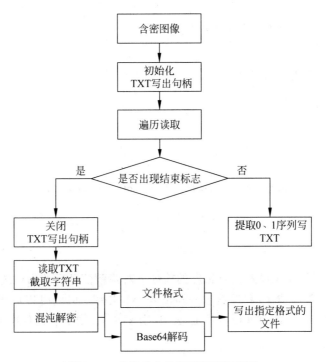

图 5-14 多格式文件提取解密流程图

```
% 临时写出的 txt 文件
fpath = './tmp.txt';
fid = fopen(fpath,'wt');
fclose(fid);
fid = fopen(fpath,'w + ');
h = waitbar(0, '', 'Name', '正在处理…');
for c = 1:N
    waitbar(c/N, h, sprintf('Process: % d% %', round(c/N * 100)));
    for r = 1:M
        % 按文件流的方式写入
        if bitand(img(r,c),1) == 1
            fwrite(fid,1,'ubit1');
        else
            fwrite(fid,0,'ubit1');
        end
    end
% 判断是否停止
fid2 = fopen(fpath, 'r');
now_msg = fgetl(fid2);
fclose(fid2);
% 检查停止符标记
ind = strfind(now_msg, '♯');
```

```
        if ～isempty(ind)
            % 出现停止符,停止提取,截取有效内容
            fclose(fid);
            fid = fopen(fpath,'wt');
            % 保留停止符之前的内容
            fprintf(fid, '%s', now_msg(1:ind(1) - 1));
            fclose(fid);
            fid = 0;
            break;
        end
    end
end
waitbar(0.99, h, sprintf('Process: %d%%', round(0.99 * 100)));
close(h);
if fid～ = 0
    fclose(fid);
end
```

运行此段程序,可在不设置信息长度的前提下对隐藏信息后的图像进行读取和解析,判断是否达到停止标志,提取隐藏的信息并写出到 txt 文件。但此时提取出的内容依然是经混沌加密后的字符串,下面根据设置的 Logistic 分支参数、初值和循环次数进行混沌解密。

3. 混沌解密

参照混沌加密过程,此处设置 Logistic 分支参数为 3.9999,初值为 $1/sqrt(2)$,循环次数为 1000 进行的混沌解密,关键代码如下。

```
% 提取待解密的内容
fid2 = fopen(fpath, 'r');
bs_code = fgetl(fid2);
fclose(fid2);
% Logistic 混沌解密
num = length(bs_code);
% 分支参数
u = 3.9999;
% 初值设置
x0 = 1/sqrt(2);
% 保留 4 位小数
x0 = str2num(sprintf('%.4f', x0));
xn(1) = x0;
for i = 1 : num + 1e3
    % 迭代计算
    xn(i + 1) = u * xn(i) * (1 - xn(i));
end
% 取指定长度的序列
xn = xn(length(xn) - num + 1:end);
% 对应到位置序列
[～, ind] = sort(xn,'descend');
% 循环置乱还原
loop = 1e3;
```

```
coef_vec1 = bs_code;
coef_vec = coef_vec1;
% 循环解密
for i = 1:loop
    coef_vec2 = coef_vec;
    for j = 1:num
        % 置乱还原
        coef_vec(ind(j)) = coef_vec2(j);
    end
end
```

运行此段程序,可对前面提取出的字符串进行混沌解密,注意这里如果参数设置错误将无法得到正确的字符串结果。通过混沌解密后,可得到包含文件格式及 Base64 编码的字符串,最后对该字符串进行指定格式的 Base64 解码即可还原秘密文件。

4. 秘密文件 Base64 解码

通过对设置的字符串间隔符进行解析,提取出文件格式和 Base64 字符串,并将其解码写出,关键代码如下。

```
% 解析字符串
ind = strfind(coef_vec, ';');
ext = coef_vec(1:ind(1) - 1);
bs_code = coef_vec(ind(1):end);
% Base64 解码
bs_decode = matlab.net.base64decode(bs_code);
fid2 = fopen(['demo_tiqu' ext], 'w');
fwrite(fid2, bs_decode(:));
fclose(fid2);
```

运行此段程序,可得到文件格式和 Base64 字符串,将其按指定格式保存,运行效果如图 5-15 所示。按照解析出的文件格式及 Base64 编码内容进行解码并写出文件,可以发现内容与原文件完全相同,能够产生 docx 文件隐藏加密的效果。更进一步,考虑到对文件流进行 Baes64 编解码的通用性,类似的过程也可以推广到其他格式的文件。读者可以尝试设置不同的混沌加密参数,形成个性化的多格式文件隐藏加密工具。

图 5-15　多格式文件提取解密的效果对比

5.4　集成应用开发

为了更好地集成对比不同步骤的处理效果,贯通整体的处理流程,本案例开发了一个 GUI 界面,集成加密隐藏、提取解密等关键步骤,并显示处理过程中产生的中间结果图像。其中,集成应用的界面设计如图 5-16 所示。

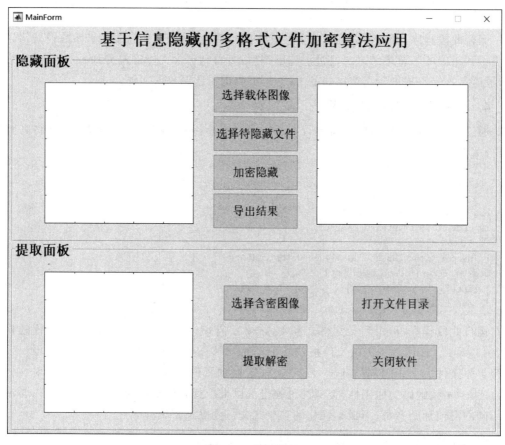

图 5-16　界面设计

1. 隐藏模块

单击"选择载体图像"按钮可弹出文件选择对话框,可选择待处理图像并显示到左侧的窗口;单击选"择隐藏文件"按钮可弹出文件选择对话框,可选择待处理文件及存储文件路径;单击"加密隐藏"按钮可读取选择的待隐藏文件,进行 Base64 编码及 Logistic 混沌加密,通过 LSB 信息隐藏写入到载体图像得到含密图像,显示在右侧窗口;单击"导出结果"按钮即可将含密图导出存储。

2. 提取模块

单击"选择含密图像"按钮可弹出文件选择对话框，可选择待处理图像并显示在左侧的窗口；单击"提取解密"按钮可对含密图像进行 LSB 信息提取，并经 Logistic 混沌解密得到文件格式及 Base64 字符串信息，最后进行 Base64 解码写出指定格式的文件；单击"打开文件目录"按钮即可查看导出的文件结果。

为了验证处理流程的有效性，选择另外的图像作为载体图像，选择某 pdf 文件作为待隐藏加密文件，具体分别如图 5-17 和图 5-18 所示。

图 5-17　载体图像

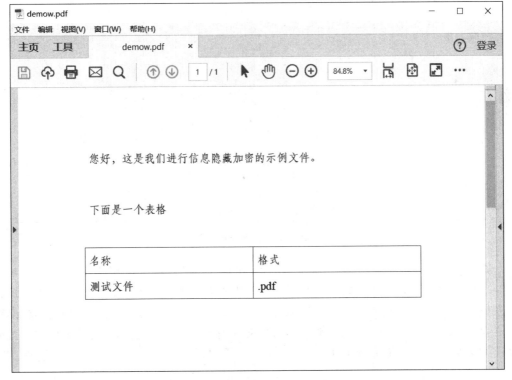

图 5-18　待隐藏加密的文件

　　此实验对选中的载体图像和 pdf 文件进行处理，单击"加密隐藏"按钮将 pdf 文件进行 Base64 编码、Logistic 混沌加密、LSB 信息隐藏，最终单击"导出图像"按钮将含密图像导出保存，具体效果如图 5-19 所示。经信息隐藏后的含密图与原图相比在视觉上没有可视化的差异，计算二者 PSNR 值为 63.9583，表明此实验能得到良好的信息隐藏效果。

　　下一步，读取含密图像并进行提取解密，具体效果如图 5-20 所示。在保持 Logistic 混沌加密参数一致的情况下，对含密图像进行信息提取、混沌解密及 Base64 解码写出，单击"打开文件目录"可查看提取解密的结果文件 demo_tiqu.pdf。

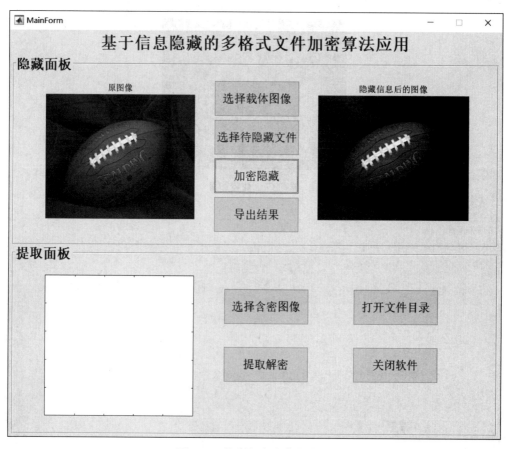

图 5-19　信息加密隐藏实验图

　　原始 pdf 文件与加密效果分别如图 5-21 和图 5-22 所示，按照解析出的文件格式及 Base64 编码内容进行解码并写出文件，可以发现内容与原文件完全相同，能够产生 pdf 文件隐藏加密的效果。注意，这里的程序内部默认设置了统一的 Logistic 混沌加密参数，读者可以尝试修改参数查看解密效果，验证多格式文件加密隐藏的安全性，也可将其应用于其他格式的文件，做进一步的应用延伸。

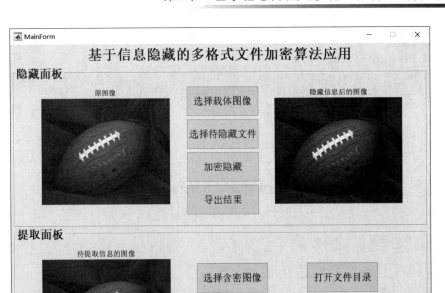

图 5-20　信息提取解密实验图

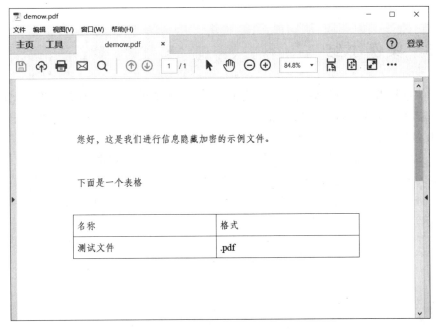

图 5-21　待隐藏加密的文件

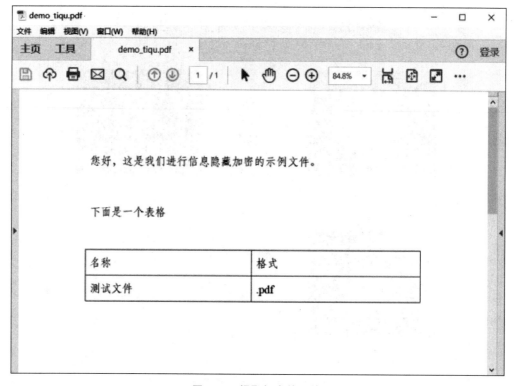

图 5-22　提取解密的文件

5.5　案例小结

随着信息技术的迅速发展,信息隐藏加密应用也越来越广泛,特别是多格式文件的隐藏加密能够起到文件的匿名存储和传递的效果,具有一定的研究意义和实用价值。本章对基础的 LSB 信息隐藏提取、Base64 编解码、Logistic 混沌加密三个步骤进行融合处理,统一了不同格式文件的入口,并通过加入特殊标记的方式来实现自动 LSB 提取的功能。读者可以使用其他的方法对实验过程进行个性化修改,例如引入其他的信息隐藏方法或对基础的 LSB 算法进行改进,也可引入其他的可逆加密编解码方法等,进一步延伸应用。

## 第6章

基于颜色分割的道路信号灯
检测识别应用

6.1 应用背景

随着我国经济的发展和人民生活水平的提高,汽车保有量不断增长,交通状况和出行环境也得以持续发展。道路信号灯作为指挥交通运行的关键设备,是维护交通秩序正常运行、保障车辆与行人的出行安全的基础支撑,也被称为不出声的"交通警察"。道路信号灯包括红色、绿色、黄色三种颜色,分别对应禁止、通行、警告三种指示,我们儿时就会背诵的交通口诀"红灯停、绿灯行、黄灯亮了等一等"正是对应了这三种信号灯颜色的安全规则。

考虑到红灯、绿灯、黄灯的颜色特点,以及彩色数字图像的 R、G、B 三通道构成,可采用颜色增强分割的方法,突出包含特定颜色的信号灯区域,进行信号灯的定位及识别。因此,本案例采用颜色显著度分析的思路,重点对道路信号灯图像的红、绿、黄三颜色进行增强分割,定位信号灯区域并分析内部的颜色分布情况,判断信号灯类别,最终给出图像内信号灯的位置标记及类型信息。

6.2 信号灯特征分析

GB14886—2006 道路交通信号灯设置与安装规范提供了道路信号灯的安装方式、顺序、位置等权威标准,适用于日常生活中常见的道路信号灯的安装与维护。

道路信号灯根据颜色可以分为三类,红灯表示禁止通行;绿灯表示允许通行;黄灯表示警示或慢行。道路信号灯根据功能可以分为多种类别,按照信号灯是否包含图案,可分为两类,一类无图案,例如机动车信号灯、闪光警告信号灯等;另一类有图案,例如方向指示信号灯、掉头信号灯、非机动车信号灯、人行横道信号灯。

本案例针对常见的机动车信号灯、方向指示信号灯进行实验,二者主要特点如下。

(1)机动车信号灯为圆形信号灯,由红、黄、绿三个位置间隔的图形单元组成,通过满屏的圆形信号进行交通指示。典型的圆形信号灯如图 6-1 所示。

(2)方向指示信号灯为箭头信号灯,由红、黄、绿三个位置间隔的箭头单元组成,通过箭头图案进行交通指示。箭头方向包括左、上、右,分别对应左转、直行、右转,箭头颜色对应于箭头所指方向的通行指示。典型的箭头信号灯如图 6-2 所示。

图 6-1　圆形信号灯示意图　　　　图 6-2　箭头信号灯示意图

此处选择垂直方向的信号灯图例进行说明,信号灯的颜色按照红、黄、绿的顺序进行分布,呈现明显的颜色特征,可考虑选择颜色特征进行分析,定位信号灯所处的位置。

在 RGB 颜色空间,红绿蓝被称为三基色或三原色,且图像的每一种颜色都可以由红、绿、蓝三基色按照一定的比例构成,通过加色模式构成 RGB 颜色空间。为此,通过模拟加色过程来绘制三基色原理图,查看基本的红、绿、蓝构成的颜色分布,并观察生成颜色的互补色,关键代码如下所示。

```
% 图像初始化
img = zeros(350, 400, 3);
% 设置角度向量
t = linspace(0, 2 * pi, 1e4);
% 设置圆心
cen = [200,100
    125,200
    275,200];
% 设置半径
r = 100;
% 遍历生成圆形
for i = 1 : 3
    % 当前圆形坐标
    xt = cen(i,1) + r * cos(t) + 10;
    yt = cen(i,2) + r * sin(t) + 10;
    % 当前蒙版初始化
    mk = zeros(size(img,1), size(img,2));
    % 设置边界坐标
    for j = 1 : length(t)
        % 边界设置为白色
        mk(round(yt(j)), round(xt(j))) = 1;
    end
    % 蒙版填充为白色
    mk = logical(mk);
    mk = imfill(mk, 'holes');
    % 设置当前蒙版颜色
    imgi = img(:,:,i);
    imgi(mk) = imgi(mk) + 255;
    img(:,:,i) = imgi;
```

```
end
% 写出三基色原理图
imwrite(mat2gray(img), '三基色原理图.png');
```

　　运行程序后,可得到三基色原理图,如图 6-3 所示。其默认是黑色底图,通过 R、G、B 三基色的叠加生成了黄色、青色、品红色、白色,可以简要总结出如下的规律。

　　(1) 白色＝红色＋绿色＋蓝色;

　　(2) 青色＝蓝色＋绿色;

　　(3) 品红色＝红色＋蓝色;

　　(4) 黄色＝红色＋绿色。

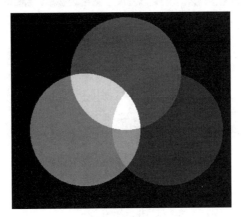

图 6-3　三基色原理图

　　更进一步,观察颜色的对角线关系,可以发现黄色和蓝色呈现互补色的关系,即黄色＋蓝色＝白色,假设 Y 表示黄色, B 表示蓝色,255 表示白色,则可得到:

$$Y = 255 - B \tag{6-1}$$

　　在 RGB 颜色空间,如果三通道的数值相等即 $R = G = B$,则可视为灰度图,该数值也称为亮度值,将彩色图转为灰度图的过程称为图像灰度化,得到不包含颜色信息的图像矩阵。一般来说,可以采用计算三通道加权均值的方式来进行灰度化,通过对各个像素位置的 R、G、B 值做加权求和得到对应的亮度值。由于人眼对绿色通道敏感度高、红色通道敏感度次之、蓝色通道敏感度最低,所以加权系数 c 应该满足 $c_G > c_R > c_B$ 的约束。参考主流的图像灰度化计算公式,一般将加权系数设置为 $c_R = 0.229$、$c_G = 0.587$、$c_B = 0.114$,进而得到符合人眼观察的灰度图像,具体公式如下:

$$\text{gray} = 0.229 \times R + 0.587 \times G + 0.114 \times B \tag{6-2}$$

　　本案例选择的某圆形道路交通灯的不同显示场景进行实地拍摄,按照 RGB 颜色空间进行存储和解析,示例如图 6-4 所示。

　　为了突出红色、黄色、绿色的显著特性,对 RGB 图进行三通道提取得到 R、G、B 分量,并进行灰度化得到亮度图 V。将提取 R、G 分量减去 V 获得红色、绿色的显著图,将 B 分量

(a) 红灯示例图　　　　　　　　　(b) 黄灯示例图

(c) 绿灯示例图

图 6-4　某圆形道路交通灯

做补色并减去 V 的补色获得黄色的显著图,关键代码如下所示。

```
% 灰度分量
V = rgb2gray(img);
% 红绿黄分量
R = img(:,:,1);
G = img(:,:,2);
Y = 255 - img(:,:,3);
% 红色显著图
xz_red = imsubtract(R,V);
xz_red = imadjust(xz_red, [0.35 0.55], [0 1]);
% 绿色显著图
xz_green = imsubtract(G,V);
xz_green = imadjust(xz_green, [0.10 0.20], [0 1]);
% 黄色显著图
xz_yellow = imsubtract(Y,255 - V);
xz_yellow = imadjust(xz_yellow, [0.20 0.40], [0 1]);
% 汇总显示
montage({img,xz_red,xz_yellow,xz_green}, ...
'Size', [1 4], 'BackgroundColor', 'm', 'BorderSize', [3 3]);
title('从左向右,分别是:原图,红色显著图,黄色显著图,绿色显著图');
```

分别对红、黄、绿的示例图进行实验,将原图和对应的显著图进行汇总显示,结果如图 6-5 所示。分别计算红灯、黄灯、绿灯的显著图,并对结果图进行对比度增强显示,可以发现采用简单的颜色分量差分计算,可以有效突出颜色显著度,有助于快速准确定位出红灯、黄灯、绿灯的候选区域。

从左向右分别是:原图,红色显著图,黄色显著图,绿色显著图

(a) 红灯显著图对比

从左向右分别是:原图,红色显著图,黄色显著图,绿色显著图

(b) 黄灯显著图对比

从左向右分别是:原图,红色显著图,黄色显著图,绿色显著图

(c) 绿灯显著图对比

图 6-5 信号灯原图和对应的显著图汇总

6.3 信号灯检测识别

根据道路信号灯的颜色特点,可采用显著图增强的思路提高信号灯区域对比度,通过二值化分割及形态学后处理进行信号灯检测,最后可结合信号灯区域的颜色特征进行分类识别。

1. 信号灯检测

从图 6-5 可以看出,经过红色、黄色、绿色的显著增强后,信号灯区域呈现明显的亮度特点,比较简单的方法就是直接进行二值化分割得到信号灯候选区域,再通过形态学闭合及膨

胀操作进行一定的区域拓展,进行信号灯的检测定位,关键代码如下所示。

```
% 二值化
bw = im2bw(xz_red, graythresh(xz_red)) + ...
    im2bw(xz_green, graythresh(xz_green)) + ...
    im2bw(xz_yellow, graythresh(xz_yellow));
bw = logical(bw);
% 形态学闭合
bw = imclose(bw, strel('disk', 9));
% 提取最大区域
bw = bwareafilt(bw, 1);
% 形态学膨胀
bw = imdilate(bw, strel('disk', 9));
% 获取位置信息
[r, c] = find(bw);
rect = [min(c) min(r) max(c) - min(c) max(r) - min(r)];
```

考虑到实验图例均为单信号灯,所以此段程序采用 otsu 阈值分割方法进行二值化,通过 imclose 进行区域闭合并经 bwareafilt 保留最大面积区域,最后通过 imdilate 进行区域膨胀,得到拓展后的信号灯位置。下面对前面选择的三幅圆形信号灯示例图,再增加一幅箭头信号灯示意图进行实验,将检测到的信号灯位置进行标记可视化,具体效果如图 6-6 所示。

(a)红灯区域检测效果

(b)黄灯区域检测效果

(c)绿灯区域检测效果

(d)箭头信号灯检测效果

图 6-6 检测信号灯位置标记可视化

如图 6-6 所示,对图像进行颜色显著度增强,再进行二值化分割及形态学膨胀,可获得信号灯的区域对应关系,最后提取区域矩形框并标记可视化,实验表明此流程能准确定位信号灯区域,实现信号灯检测的目标。

2. 信号灯识别

信号灯区域检测定位后,可裁剪信号灯区域,得到局部图进行分类识别。考虑到信号灯的颜色特性,结合圆形信号灯、箭头信号灯的区域特点,可选择局部图的颜色量化计数及圆形度属性来进行分类识别。

(1)颜色量化计数。参考前面提到的红、黄、绿颜色显著度增强过程,可对信号灯局部图做同样的计算,统计红、黄、绿颜色显著图二值化后的有效像素数量,提取最多的计数结果作为颜色类别的判断依据,关键代码如下。

```
% 区域裁剪
imi = imcrop(img, rect);
% 亮度图
Vi = rgb2gray(imi);
% 红绿黄分量
Ri = imi(:,:,1);
Gi = imi(:,:,2);
Yi = 255 - imi(:,:,3);
% 红色显著图
xz_redi = imsubtract(Ri,Vi);
xz_redi = imadjust(xz_redi, [0.35 0.55], [0 1]);
% 绿色显著图
xz_greeni = imsubtract(Gi,Vi);
xz_greeni = imadjust(xz_greeni, [0.10 0.20], [0 1]);
% 黄色显著图
xz_yellowi = imsubtract(Yi,255 - Vi);
xz_yellowi = imadjust(xz_yellowi, [0.20 0.40], [0 1]);
% 计数统计
xzsi = {xz_redi, xz_yellowi, xz_greeni};
for i = 1 : 3
    % 二值化
    bwi_bin = im2bw(xzsi{i},graythresh(xzsi{i}));
    % 颜色量化计数
    color_numer(i) = sum(sum(bwi_bin));
end
% 提取计数最多的颜色
[~, ind] = max(color_numer);
cns = '红黄绿';
res = cns(ind);
```

此段程序重复了红、黄、绿颜色显著增强的过程,对处理结果进行二值化并统计有效像素的数量,最终提取最多的颜色作为识别结果。

（2）圆形度常用于衡量区域的属性特征，根据圆形信号灯、箭头信号灯的特点，可选择圆形度作为二者分类的参考依据。其中，圆形度的计算公式如下：

$$e = \frac{4\pi \times \text{Area}}{\text{perimeter}^2} \tag{6-3}$$

其中，Area 表示区域的面积；perimeter 表示区域的周长。当区域为圆形时，则圆形度与 1 的绝对值差异最小，其他图形时圆形度与 1 的绝对值差异越大。因此，可以通过信号灯区域的圆形度属性来判断其所属的圆形、箭头形状类别。在 MATLAB 中，可以通过 regionprops 的 Circularity 属性直接提取区域的圆形度属性，关键代码如下。

```
% 提取信号灯的圆形度
bwi = imcrop(bw, rect);
stats = regionprops(bwi, 'Circularity');
circularity = stats(1).Circularity;
% 根据圆形度与 1 的绝对误差判断形状类别
if abs(circularity - 1) < 0.1
    xz = '圆';
else
    xz = '箭头';
end
```

此段程序裁剪信号的局部区域，并提取圆形度属性，若圆形度与 1 的绝对值差异小于 0.1，则认为是圆形信号灯，否则为箭头信号灯。

（3）箭头朝向。针对箭头形状的信号灯，还需进一步识别其朝向信息，根据道路交通灯设计标准，箭头朝向有"上、左、右"三种，结合箭头信号灯的对称性特点，可采用网格对称分割的思路进行朝向的判断，具体如图 6-7 所示。

    （a）朝左箭头   （b）朝右箭头   （c）朝上箭头

图 6-7　箭头朝向

对不同朝向的箭头，按照上下拆分、左右拆分，计算上下白色像素比例、左右像素比例，提取最大比例对应的形状即可识别其朝向，关键代码如下所示。

```
% 均分裁剪
    sz = size(bwi);
    % 上区域
    bwi_up = bwi(1:round(sz(1)/2), :);
    % 下区域
    bwi_down = bwi(1 + round(sz(1)/2):end, :);
```

```
% 左区域
bwi_left = bwi(:, 1:round(sz(2)/2));
% 右区域
bwi_right = bwi(:, 1 + round(sz(2)/2):end);
% 计算上下、左右、右左的比例
rate(1) = length(find(bwi_up(:)))/length(find(bwi_down(:)));
rate(2) = length(find(bwi_left(:)))/length(find(bwi_right(:)));
rate(3) = length(find(bwi_right(:)))/length(find(bwi_left(:)));
% 提取最大比例
[～, ind] = max(rate);
cns = '上左右';
res = cns(ind);
```

此段程序裁剪信号的局部区域,并按照上下、左右拆分,计算上下、左右、右左的有效像素比例,最终提取最大比例对应的朝向作为识别结果。

综合本节的叙述,下面融合信号灯检测、识别的步骤,检测目标信号灯的位置并识别其形状信息,运行效果如图 6-8 所示。

(a) 红灯检测识别效果

(b) 黄灯检测识别效果

(c) 绿灯检测识别效果

(d) 箭头信号灯检测识别效果图

图 6-8　检测目标信号灯的位置并识别其形状信息

如图 6-8 所示,对图像进行信号灯检测及识别,可获取信号灯位置矩形框及形状信息,最后对信号灯区域进行标记可视化。实验表明此流程能准确定位信号灯区域,识别信号灯的类别,实现信号灯检测识别的目标。更进一步,可对多信号灯的情形进行连通域分析,并按照子区域裁剪的方式进行类似的处理,即可拓展到多信号灯的检测识别应用。

6.4 集成应用开发

为了更好地集成对比不同步骤的处理效果,贯通整体的处理流程,本案例开发了一个 GUI 界面,集成图像读取、颜色显著增强、信号灯检测、信号灯识别等关键步骤,并显示处理过程中产生的中间结果图像。其中,集成应用的界面设计如图 6-9 所示。

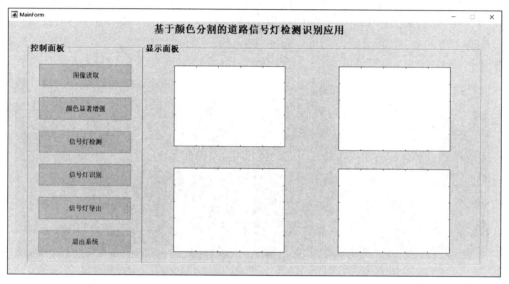

图 6-9 界面设计

单击"图像读取"按钮可弹出文件选择对话框,可选择道路信号灯图像并显示到右侧窗口;单击"颜色显著增强"按钮,可以分别对红、黄、绿颜色进行显著增强,并在右侧窗口汇总显示。为了验证处理流程的有效性,选择多信号灯的图像进行实验,具体效果如图 6-10 所示。此实验图的红色、绿色显著图最为明显,可进行二值化检测标记。

单击"信号灯检测"按钮,将在右侧窗口显示二值化图、区域标记结果和区域裁剪图,具体效果如图 6-11 所示。信号灯检测模块可定位标记信号灯区域,并裁剪信号灯局部图像,进行汇集显示。

单击"信号灯识别"按钮,将对已定位的信号灯区域图像进行分类识别,判断信号灯的类型,在右侧窗口显示识别结果,具体效果如图 6-12 所示。信号灯识别模块可对定位出的信号灯区域进行分类识别,此实验图像三个信号灯的颜色及形状信息识别为"左绿-箭头-左

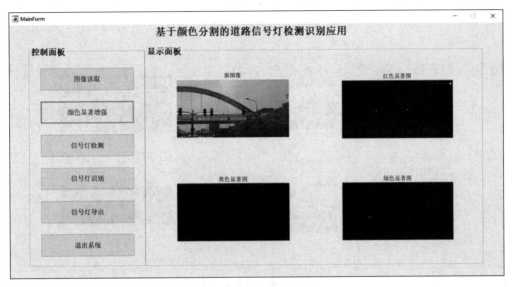

图 6-10　颜色显著增强

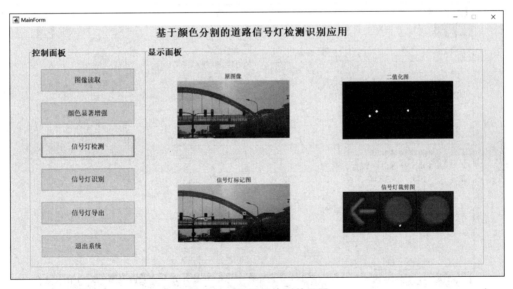

图 6-11　信号灯检测效果图

红-圆|红-圆|"，并将其作为标题信息在最后一个坐标系窗口进行显示。

最后，单击"信号灯导出"按钮，可将此实验图像的基本信息、信号灯位置和类型进行汇总，导入 Excel 表格，具体结果如图 6-13 所示。导出数据包含了图像路径、信号灯数目、信号灯位置和形状信息，对应了当前实验图像的检测识别结果，读者可以尝试其他的图像进行实验分析，也可自定义导出数据的内容格式，进行实验拓展。

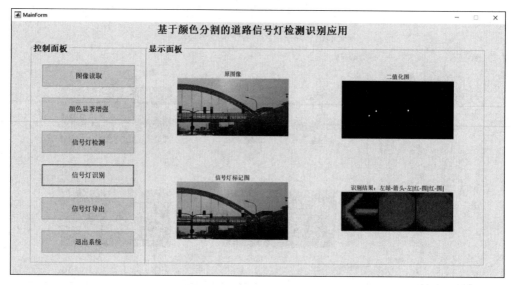

图 6-12　信号灯识别效果图

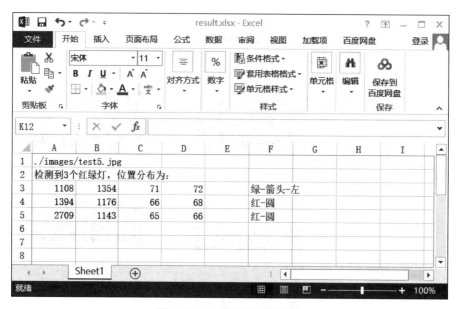

图 6-13　信号灯导出效果图

6.5　案例小结

随着人工智能技术的不断发展,智能驾驶特别是无人驾驶技术创新也得以大幅进步,道路信号灯的检测识别作为重要的组成部分,也产生了越来越多的研究成果。考虑到数据规模和基础算法应用的要求,本案例采用颜色分割知识进行信号灯检测,采用颜色统计及图形属性信息进行信号灯的识别,能够快速定位信号灯并判别其颜色和类型,基于 GUI 框架搭建了道路交通信号灯检测识别的集成应用,可方便观察各个步骤的处理过程并展开分析。

　　道路信号灯的检测识别,可利用其他的颜色空间和特征,例如 Ycbcr 颜色空间、形状特征等,也可引入多种不同的分类器进行识别,例如神经网络、支持向量机等,读者可以尝试进行相关算法的拓展。更进一步,可利用深度学习的检测框架(例如 Faster RCNN、YOLO等)、分类识别框架(例如 DBN、CNN 等),获得更为通用的道路交通信号灯检测识别模型,争取达到实际应用中可靠性和准确性的要求。

## 第 7 章

融合 GPS 及视觉词袋模型的
建筑物匹配识别应用

7.1　应用背景

随着信息技术的迅速发展,特别是大数据和人工智能技术的应用,人们对图像信息的深入研究也提出了新的要求。建筑物图像本身具有明显的形象化属性,能够直观地反映出所处的位置和环境信息,例如楼宇、商场和地标性建筑等,已经成为人们对地理位置描述的重要参考,因此对建筑物进行匹配识别具有重要的研究意义和实用价值。

随着智能拍摄设备的不断普及,特别是智能手机、数码相机等,在拍摄时往往能自动获取拍摄的经纬度位置并将其写入图像的 GPS 属性,并能方便地提取该属性进而获取图像的地理信息。但是,考虑到图像隐私及位置安全性等原因,图像在传输时可能会自动隐藏或篡改其 GPS 属性,进而无法通过该属性进行建筑物的定位。图像的 SIFT、SURF 等特征算子具有尺度不变性,包含丰富的局部特征描述信息,广泛应用于图像的匹配和识别。考虑到建筑物图像的特点,可选择 GPS 及 SIFT 特征融合的方式进行匹配识别,并采用视觉字典的方式提高计算效率,实现建筑物图像的匹配应用。

7.2　图像 GPS 属性解析

采用数码相机设备进行图像采集时,可将拍摄时间、相机参数和地理位置等数据元信息通过属性进行存储,这也是可交换图像文件格式(Exchangeable image file format,Exif)的由来,可以通过查看图像文件的属性→详细信息获得对应的信息,如图 7-1 所示。

可在详细信息页面获得拍摄时间、相机参数和 GPS 等信息,在 MATLAB 中可以通过 imfinfo 方便地获取图像的属性进行,示例代码如下。

```
% 获取属性信息
info = imfinfo('./db/5 号楼.jpg');
% 提取 GPS 信息
disp(info.GPSInfo)
```

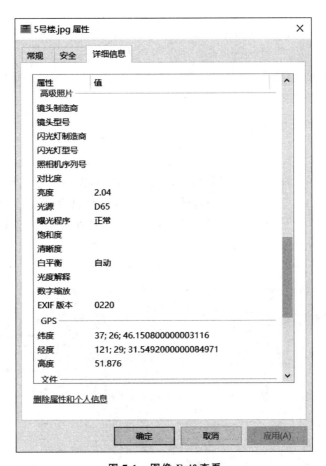

图 7-1　图像 Exif 查看

运行后,将得到图像文件的属性信息,其 GPS 信息为:

```
        GPSLatitudeRef: 'N'
           GPSLatitude: [37 26 46.1508]
       GPSLongitudeRef: 'E'
          GPSLongitude: [121 29 31.5492]
        GPSAltitudeRef: 0
           GPSAltitude: 51.8760
          GPSTimeStamp: [10 33 35]
  GPSProcessingMethod: [1×12 double]
         GPSDateStamp: '2021:06:28'
```

　　注意到这里的 GPSLatitude、GPSLongitude 均为一个 1×3 的数值向量,这是地图的"度分秒(DMS)"形式的定义,为此需要乘以一个系数向量 $[1,1/60,1/3600]$ 并求和来得到经纬度数值,关键代码如下。

```
% 对应到经纬度
long = sum(info.GPSInfo.GPSLongitude. * [1 1/60 1/3600])
lat = sum(info.GPSInfo.GPSLatitude. * [1 1/60 1/3600])
```

运行后,得到结果输出为

```
long =
   121.492097
lat =
   37.446153
```

由此可得到图像文件的经纬度属性,通过腾讯地图、百度地图等公开服务即可获得详细的地理位置描述。如图 7-2 所示,采用腾讯地图的公众查询页面,可得到此经纬度对应的位置信息,经验证与实际拍摄相符。更进一步,可利用地图服务提供的 API 进行定制开发,集成到相关的应用服务中。

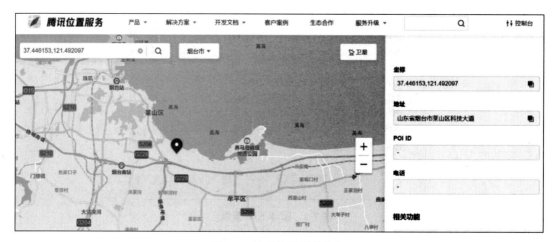

图 7-2 地理位置描述信息

7.3 图像视觉词袋建模

7.3.1 局部特征提取

图像特征是描述图像内容的基本方式之一,可通过提取图像的某种全局或局部特性,将其表示为数值向量的形式,用于进一步的程序化计算。图像特征是图像识别的基础依据,对图像识别准确率起着决定性作用,因此需要选择图像的关键性特征并兼容不同尺度、亮度和视角等变化带来的影响。人类的视觉系统一般是将图像分为多个子区域,通过子区域的局部信息来进行信息判断,局部特征在图像受到噪声干扰、尺寸放缩、亮度变化等情况下仍然能较好地反映出图像的特性,因此要选择局部特征作为重点研究对象。

尺度不变特征变换（scale invariant feature transform，SIFT）是基于梯度分布的局部特征描述子，对图像进行网格分割得到局部图像块区域，采用局部梯度位置和方向的直方图统计信息作为区域特征，具有尺度和旋转不变性，广泛应用于图像匹配拼接、检索识别等领域。SIFT 特征提取的主要步骤如下。

（1）尺度空间构建。设置高斯核参数，对输入图像进行平滑和采样，构建尺度空间。

（2）极值点检测。在尺度空间提取极值点，作为与尺度无关的候选特征点。

（3）特征点定位。根据图像局部梯度的位置和方向，确定每个特征点的位置尺度和方向。

（4）特征描述子计算。对图像特征点选择 16×16 的邻域范围，将其划分为 4×4 的网格，对每个网格内部的 8 个方向梯度计算直方图，最后进行量化输出，得到长度为 $4 \times 4 \times 8 = 128$ 的特征描述。

vlfeat 工具箱是一个开源的轻量级计算机视觉库，实现了包括 SIFT 在内的多种图像局部特征的提取、匹配以及一些常用的聚类算法。本案例选择 vlfeat 工具箱提取图像的 SIFT 特征，示例代码如下。

```
% 配置 vlfeat 工具箱
run(fullfile(pwd, 'vlfeat - 0.9.21/toolbox/vl_setup'));
% 读取测试图像
im = imread('cameraman.tif');
% 提取特征
[f,d] = vl_sift(single(im), 'PeakThresh', 20);
% 可视化
figure; imshow(im, []); hold on;
h1 = vl_plotframe(f);
set(h1,'color','y','linewidth',2);
h2 = vl_plotsiftdescriptor(d,f);
set(h2,'color','g');
```

运行此段代码，将对图像进行 SIFT 特征提取，并绘制特征点、特征描述子，可视化效果如图 7-3 所示。

注意到这里将极值点筛选阈值参数 PeakThresh 设置为 20，只保留了较少的特征点，读者可以尝试设置为较小的值来查看更多的特征点可视化效果。

为了进行批量的特征提取和存储，需要封装特征提取函数并进行批量化调用，定义函数 detect_sift_features 用于提取 SIFT 特征，并将特征点、特征向量进行重组，返回结构体对象，具体代码如下所示。

图 7-3　SIFT 特征可视化

```
function pt = detect_sift_features(I, PeakThresh)
if nargin < 3
    % 默认阈值
```

```
        PeakThresh = 5;
    end
    if ndims(I) == 3
        % 灰度化
        I = rgb2gray(I);
    end
    % 归一化
    I = single(im2uint8(mat2gray(I)));
    % 提取特征
    [f,v] = vl_sift(I, 'PeakThresh', PeakThresh);
    % 存储特征
    pt.Location = [f(1,:)' f(2,:)'];
    pt.Des = v';
```

运行后,将提取图像特征并进行结构化封装,得到包含特征点和特征向量的结构体对象。但是,可以发现不同图像的特征点个数是不同的,而且特征向量的维度为128维,这对图像相似性计算带来了较多的空间冗余和计算复杂度,影响了系统运行的效率和准确度。为此,采用视觉词袋的方法对特征数据集进行重新编码,统一特征维度,为建筑物图像匹配快速识别提供数据支撑。

7.3.2 视觉词袋构建

词袋模型(Bag-of-Words model,BoW model)最早出现在自然语言处理领域,该方法不考虑文本的语法和语序,采用一组无序的单词(words)来表达一段文字或一个文档,可将不同长度的文本统一到同样的特征维度,提高计算的通用性。将图像特征(features)作为单词(words),即可将词袋模型拓展应用到视觉领域,得到视觉词袋模型(Bag-of-Visual-Word model,BoVW model),有助于实现大规模的图像检索、匹配识别等应用。视觉词袋模型构建的主要步骤如下。

(1) 特征提取。选择图像特征提取算子,例如 SIFT、SURF 等,得到特征点和特征向量,统一数据格式。

(2) 词袋提取。汇集特征数据为特征集合,通过聚类方法将其分为预设数目的特征类,每一个类即可作为一个视觉词。

(3) 特征量化。通过视觉词袋对图像特征进行量化,统计的视觉词频直方图,作为图像特征向量。

MATLAB 提供了 bagOfFeatures 函数用于生成视觉词袋模型,可设置对应的 SIFT 特征提取接口,并将其作为参数传入 bagOfFeatures 函数进行处理,关键代码如下所示。

```
% 数据集
db = fullfile(pwd, 'db');
dataset = imageDatastore(db);
```

```
% 特征提取器
sift_extractor = @sift_features_extractor;
% 视觉词袋
bag = bagOfFeatures(dataset,'CustomExtractor',sift_extractor);
```

其中,sift_features_extractor 为 SIFT 提取接口函数,代码如下。

```
function [features, featureMetrics, varargout] = sift_features_extractor(I)
% 提取特征
pt = detect_sift_features(I);
% 输出特征
loc = pt.Location;
features = pt.Des;
features = single(features);
% 特征度量
featureMetrics = var(features,[],2);
if nargout > 2
    varargout{1} = loc;
end
```

运行后可得到视觉词袋模型,下面选择某图像进行视觉词袋编码,得到对应的特征向量并可视化。

```
% 测试词袋模型
im = imread('./db/5号楼.jpg');
feature_vector = encode(bag, im);
```

运行后可获得该图像对应的 1×500 维度的视觉词袋特征向量,按曲线绘制的方式进行可视化,可得到如图 7-4 所示的可视化效果。图像经 SIFT 特征提取和视觉词袋编码后,可得到对应的特征向量,这也是对图像特征在维度上的统一,便于快速匹配识别。

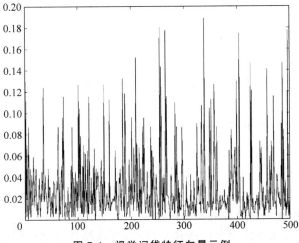

图 7-4 视觉词袋特征向量示例

7.3.3 图像匹配识别

为了提高图像匹配识别的效率,对于大规模图像数据集的处理,可在视觉词袋模型生成后,对图像数据集进行索引构建,形成基于图像局部特征的倒排索引,提供搜索引擎服务。在 MATLAB 中可通过 invertedImageIndex 函数生成索引,通过 retrieveImages 函数检索图像,关键代码如下。

```
% 基于视觉词袋模型的索引
index = invertedImageIndex(bag);
% 对数据集进行索引构建
addImages(index, dataset);
% 进行图像匹配识别
[ids,scores] = retrieveImages(im,index);
```

运行后,可得到索引对象 index,对其进行图像检索可得到按照相似度降序的匹配结果及评分,达到图像快速匹配识别的效果。

为了方便索引的数据加载,可将数据集的基本信息、词袋模型和索引对象统一存储到 mat 文件,方便集成应用开发,关键代码如下所示。

```
s_list = [];
for i = 1 : length(dataset.Files)
    % 获取属性信息
    [~, name, ~] = fileparts(dataset.Files{i});
    % 名称
    s_list(i).name = name;
    info = imfinfo(dataset.Files{i});
    % 经纬度
    s_list(i).long = sum(info.GPSInfo.GPSLongitude. * [1 1/60 1/3600]);
    s_list(i).lat = sum(info.GPSInfo.GPSLatitude. * [1 1/60 1/3600]);
end
% 存储 GPS 序列、词袋模型、索引
save index.mat s_list bag index
```

运行后,将数据信息、词袋模型和索引对象存储到 mat 文件,便于其他程序调用。

7.4 集成应用开发

为了更好地集成对比不同步骤的处理效果,贯通整体的处理流程,本案例开发了一个 GUI 界面,集成词袋特征提取、建筑物识别等关键步骤,并显示处理过程中产生的中间结果图像。其中,集成应用的界面设计如图 7-5 所示。

单击"选择图像"按钮可弹出文件选择对话框,可选择待处理图像提取 GPS 属性、计算 SIFT 特征并显示到"右侧窗口";单击"词袋特征提取"按钮,可以对选中的图像进行词袋模

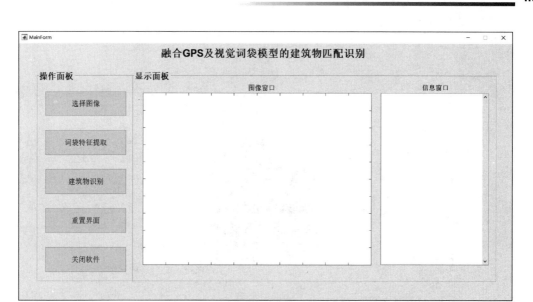

图 7-5 界面设计

型编码得到特征向量,并在"右侧窗口"可视化显示。为了验证处理流程的有效性,选择某测试图像进行实验。如图 7-6 所示,选中的实验图像呈现出数目遮挡的特点;如图 7-7 所示,SIFT 特征点集中在树木、路面、墙体等区域,能反映出图像的局部细节特征;如图 7-8 所示,采用前面生成的视觉词袋模型进行特征编码,得到特征向量并进行可视化绘图,依然是 1×500 维的向量。

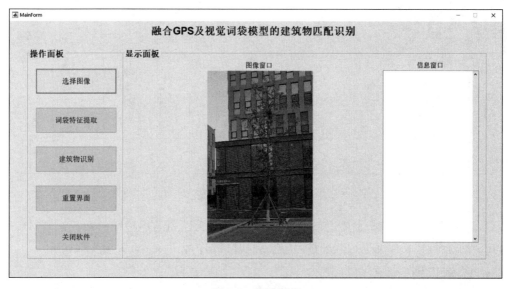

图 7-6 实验图像

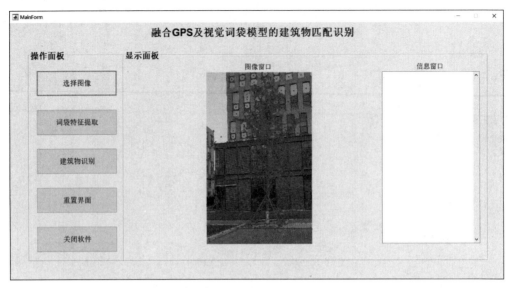

图 7-7　SIFT 特征点

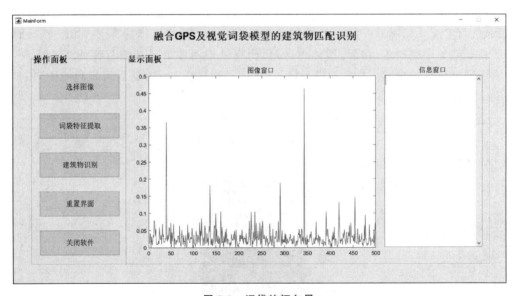

图 7-8　词袋特征向量

　　下面进行建筑物识别,主要思路是基于图像 GPS 属性和局部特征的匹配识别,通过判断 GPS 距离、特征相似度进行匹配排序,返回最佳匹配的识别结果,关键步骤如下。

1. 检索识别

　　通过函数 retrieveImages 对输入图像进行检索识别,得到结果列表和评分向量,如果最佳评分小于设置的阈值,则返回"未检测到符合条件的建筑物"的提示,关键代码如下。

```
% step1：检测建筑物
[ids,scores] = retrieveImages(handles.I,handles.index);
if scores(1)< 0.1
    questdlg('未检测到符合条件的建筑物！', …'提示', …'确定','确定');
    return;
end
names_sift = [];
for i = 1 : 5
    % 取前 5 个匹配结果
    fi = handles.index.ImageLocation{ids(i)};
    [~, name, ~] = fileparts(fi);
    names_sift{end + 1} = name;
end
```

2. GPS 识别

设置 GPS 距离约束，只分析指定 GPS 范围内的图像，可通过判断经纬度的欧氏距离进行识别，关键代码如下。

```
% step2：GPS 距离判断
% 距离约束，如果距离超过了约束，就不再做比较
dis_tol = 100;
% 当前图像 GPS
gps = [handles.s.lat handles.s.long];
names_gps = [];
if isequal(gps, [0 0])
    % 无 GPS
    questdlg('无 GPS 信息,不继续分析！', …
        '提示', …
        '确定','确定');
    return;
else
    % 计算 GPS 间距
    gps2 = [cat(1, handles.s_list.lat) cat(1, handles.s_list.long)];
    gps1 = repmat(gps, size(gps2,1), 1);
    dis = sqrt((gps1(:,1) − gps2(:,1)).^2 + (gps1(:,2) − gps2(:,2)).^2);
    [mid_dis, id_gps] = sort(dis);
    if mid_dis > dis_tol
        % 超出约束,不做比较
        questdlg(sprintf('gps 距离为 %.2f,超出了 %.2f,不继续分析！', …
mid_dis, dis_tol), … '提示', … '确定','确定');
        return;
    end
    % 取前 5 个匹配结果
    for i = 1 : 5
        name = handles.s_list(id_gps(i)).name;
        names_gps{end + 1} = name;
```

```
        end
    end
```

3. 融合识别

前面分别通过 SIFT 检索识别、GPS 距离识别得到两组结果,可通过交叉比对的方式进行融合,保留特征相似且在距离范围内的识别结果,关键代码如下所示。

```
% step3: 融合识别
names_best = [];
% 根据 gps,筛选特征匹配结果
for i = 1 : length(names_sift)
    flag = 0;
    % 判断是否存在
    for j = 1 : length(names_gps)
        if isequal(names_sift{i}, names_gps{j})
            flag = 1;
            break;
        end
    end
    if flag == 1
        names_best{end + 1} = names_sift{i};
    end
end
```

单击建筑物识别按钮,可自动执行上述步骤得到识别结果,具体效果如图 7-9 所示。在右侧信息窗口区域显示了图像识别结果,通过交叉融合得到最佳匹配为结果为"菜鸟驿站",准确定位图像的具体信息。

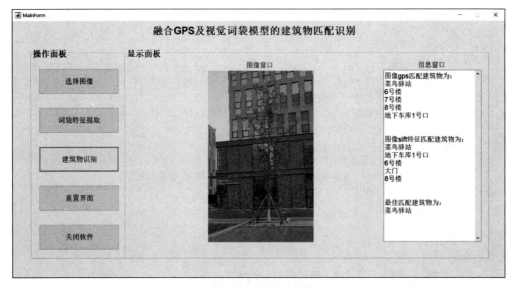

图 7-9   建筑物识别结果

　　下面选择不同的图像进行验证,如图 7-10 和图 7-11 所示,选择了室外楼和室内办公室两幅图像进行实验,可以发现通过 SIFT 特征匹配和 GPS 定位判断,能够有效地识别出图像的位置并显示对应的建筑物结果。读者可以尝试其他的图像进行索引构建、匹配识别分析,也可选择不同的局部特征描述子(例如 SURF、HOG 等),进行实验拓展。

图 7-10　室外楼宇图识别结果示例

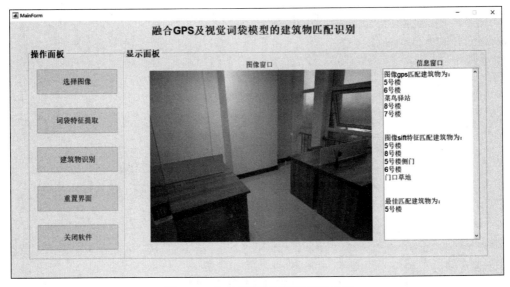

图 7-11　室内办公室图识别结果示例

7.5　案例小结

随着信息化技术的不断进步,特别是智能手机等电子设备的普及,人们可方便地获得大量包含 GPS 信息的图像数据,为了加强视觉大数据的进一步挖掘分析,可结合图像的 GPS 属性、局部特征的提取构造匹配识别模型,形成对图像内建筑物的位置及内容分析。本案例对图像进行了 SIFT 特征提取,构造视觉词袋模型并生成图像索引,支撑基于局部特征描述子的图像检索服务,同时结合图像的 GPS 属性进行距离范围内的识别,将特征识别结果与距离判断结果进行融合,最终得到较为准确的定位结果。读者可以使用其他的方法对实验过程进行个性化修改,例如使用其他的特征描述子、不同的图像相似度判断方法等,进一步延伸应用。

## 第 8 章

基于人脸识别的课堂
考勤打卡计时应用

8.1　应用背景

人脸识别是一种非接触性的生物特征识别技术,具有快捷性、友好性和可靠性的优点,广泛应用于安防门禁、考勤签到和身份核验等领域,特别是当前流行的刷脸支付、活体验证和人证校验等应用,使得人脸识别普及到生活中的方方面面,在提供便利性的同时也改变了人们的生活方式。其中,基于人脸识别进行考勤打卡具有操作简单、数据可控和应用广泛的特点,具有良好的用户体验。

本案例对基础的人脸识别方法进行分析,选择经典的人脸数据集并结合课堂考勤场景进行综合实验,覆盖人脸检测、特征提取和识别等关键步骤,建立一个基于人脸识别的课堂考勤打卡计时应用。

8.2　人脸检测

人脸检测是指对包含背景的图像进行人脸区域检测,包括存在性和区域位置,一般通过人脸所在区域的矩形框来表示。随着计算机视觉技术的不断发展,人脸检测方法也层出不穷,特别是基于机器学习的人脸检测框架,可通过对已有的人脸数据进行模型训练,生成检测器模型,取得了较高的检测准确率,具有较高的实用性。

为了进行基础的人脸检测方法分析,本节选择两种经典方法进行人脸检测实验,分别是基于肤色的人脸检测方法和基于统计学习的人脸检测方法,从图像颜色分割和局部特征模板分类的角度出发进行人脸检测。

8.2.1　基于肤色的人脸检测方法

肤色是人脸最明显的特征之一,肤色区域也是图像内相对集中、稳定的局部区域,因此可利用其局部区域的特点进行图像分割,进而达到人脸区域定位的目标。为了进行肤色分割,我们可以选择不同的颜色空间模型,突出肤色区域的显著性。其中,YCbCr 颜色空间模型广泛应用于数字电视的色彩显示,能在一定的色彩范围内提高肤色区域的对比度,Y、Cb、Cr 三分量的对应含义如下。

(1) Y 表示亮度分量,对应亮度值。

(2) Cb 表示色度分量,对应原图蓝色部分 B 与亮度值 Y 之间的差异。

(3) Cr 表示色度分量,对应原图红色部分 R 与亮度值 Y 之间的差异。

因此,此处选择 YCbCr 颜色空间模型进行分析,以自拍像为例,通过函数 rgb2ycbcr 进行颜色空间转换,提取对应的分量进行可视化,关键代码如下。

```
% 读取图像
img = imread('./images/self.jpg');
% 颜色空间转换
YCbCr = rgb2ycbcr(img);
```

将 Y、Cb、Cr 三分量分别存储,效果如图 8-1 所示。

(a) 原RGB图 (b) Y分量图 (c) Cb分量图 (d) Cr分量图

图 8-1　原图及转换分量图

如图 8-1 所示,对图像颜色空间转换并分通道进行了显示,可以发现 YCbCr 颜色空间对肤色区域具有一定的突出效果,可对其进一步分析处理定位人脸区域,关键代码如下所示。

```
% 按通道分割
bw1 = mat2gray(YCbCr(:,:,1)) > 0.4;
bw2 = mat2gray(YCbCr(:,:,2)) < 0.6;
bw3 = mat2gray(YCbCr(:,:,3)) > 0.4;
% 结果合并
bw = bw1 & bw2 & bw3;
% 提取有效区域
bw = bwareafilt(bw, 1);
[r, c] = find(bw);
rect = [min(c) min(r) max(c) - min(c) max(r) - min(r)];
```

分别对 Y、Cb、Cr 三分量进行阈值分割,再进行结果合并,提取最大候选区域的位置,将其标记到原图可进行人脸区域的定位,效果如图 8-2 所示。通过简单的阈值分割即可准确地定位出人脸区域,计算方法简单、高效。但是,这种方法对阈值的选取和计算规则具有较高的要求,难以应对背景复杂的情况,可能会出现较多的误分割问题,所以需要综合考虑不同背景图像下的人脸检测问题,在保证效率的前提下提高检测的鲁棒性。

图 8-2　人脸区域定位

8.2.2　基于统计学习的人脸检测方法

基于统计学习的人脸检测方法对人脸样本和非人脸样本进行模型训练,无须使用特定的先验知识和阈值范围,具有一定的通用性。Adaboost 算法具有计算量小、运行速度快的优点,haar 特征对人脸和非人脸具有良好的区分性,因此可利用 Haar-like 级联分类器进行人脸检测,同理也可应用于其他的目标检测应用,例如人眼、嘴巴的检测等。

基于 Haar-like 级联分类器进行目标检测是经典的检测方法,已有众多成熟的模型可进行调用。这里我们重点分析如何进行模型的加载和调用,在 MATLAB 中可方便地在函数 CascadeObjectDetector 中传入人脸检测模型文件进行人脸检测,也可以加载其他的模型文件检测对应的眼睛、鼻子和嘴巴等部位,关键代码如下。

```
% 人脸检测器
face_detector = vision.CascadeObjectDetector('haarcascade_frontalface_default.xml');
% 检测人脸
rect = step(face_detector, img);
% 裁剪人脸
face_img = imcrop(img, rect(1,:));
% 检测眼睛
eye_detector = ision.CascadeObjectDetector('haarcascade_mcs_eyepair.xml');
rect1 = step(eye_detector, face_img);
% 检测鼻子
```

```
nose_detector = vision.CascadeObjectDetector('haarcascade_mcs_nose.xml');
rect2 = step(nose_detector, face_img);
% 检测嘴巴
mouth_detector = ision.CascadeObjectDetector('haarcascade_mcs_mouth.xml');
rect3 = step(mouth_detector, face_img);
```

运行此段代码,可利用已训练的 haar 级联分类器模型进行人脸、人眼、鼻子、嘴巴的检测,运行效果如图 8-3 所示。首先,采用人脸检测模型定位人脸后进行裁剪,得到人脸图像;然后,采用人眼、鼻子、嘴巴检测模型定位对应的区域;最后,将检测结果进行标记显示,可以发现能较为准确地进行人脸、眼睛、鼻子和嘴巴的检测定位。

 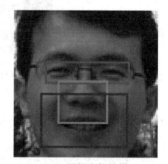

(a) 全局定位效果　　　　　　　　(b) 局部定位效果

图 8-3　人脸检测运行效果

8.3　人脸识别

人脸识别的关键在于如何有效提取人脸特征以及与人脸库进行匹配,本质上是一个分类识别的过程。为了便于进行不同算法的组合,首先构建人脸库,然后选择基础的 PCA 方法进行特征提取,最后通过 SVM 进行分类识别,并将特征提取模型、分类识别模型进行存储,便于集成调用。

8.3.1　人脸库构建

考虑到课堂考勤打卡的应用场景,从图 8-4 所示经典的人脸数据集 BioID Face Database 中选择部分图像进行人脸库的构建,通过 Haar-like 级联分类器进行人脸检测,并将裁剪得到的人脸区域图作为初始的实验数据。

图 8-4 人脸数据集

为了进行人脸区域检测及裁剪,可基于 Haar-like 级联分类器封装人脸检测函数,传入人脸图像进行检测和分割,关键代码如下。

```
function [rect,face_im] = get_face_rect(im,face_detector)
if nargin < 2
    % 人脸检测器
    face_detector = ...
vision.CascadeObjectDetector('haarcascade_frontalface_default.xml');
end
% 检测人脸
rect = step(face_detector, im);
% 裁剪人脸并统一尺寸
face_im = imresize(imcrop(im, rect(1,:)), [100 80], 'bilinear');
```

通过对初始数据集进行人脸检测和裁剪,并将人脸图进行尺寸归一化,可得到统一的人脸数据,便于进行特征提取和分类识别。

8.3.2　人脸特征提取

主成分分析方法(Principal Component Analysis,PCA)是经典的数据降维和特征提取方法。通过 PCA 计算,可将原始高维数据降维到低维空间,使得降维后的数据具有良好的可分类特点,达到分类识别的目的。本节选择经典的 PCA 降维框架,对已构建的数据集进行PCA 主成分分析建模,得到降维后的特征向量并将其作为人脸特征进行存储,流程图如图 8-5所示。

对数据集进行 PCA 降维及特征提取是主要的计算步骤,关键内容叙述如下。

1. 数据读取

如图 8-4 所示的数据集,每个子文件夹对应于一个人脸类别,所以可采用文件夹遍历的方式进行数据集拆分,将每个文件夹内的图像随机排序后按比例进行拆分,分别存储到训练集和测试集列表,关键代码如下。

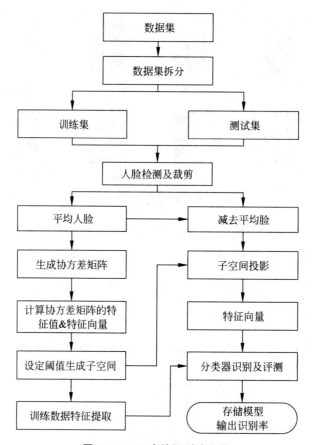

图 8-5　PCA 人脸识别流程图

```
%  数据集
db = fullfile(pwd, 'db');
sub_dbs = dir(db);
%  拆分比例
train_rate = 0.7;
%  初始化训练集、测试集
class_names = [];
train_files = []; train_labels = [];
test_files = []; test_labels = [];
%  遍历读取
for i = 1 : length(sub_dbs)
    if ~(sub_dbs(i).isdir && ~isequal(sub_dbs(i).name, '.') && ~isequal(sub_dbs(i).name, '..'))
        %  如果不是有效目录
        continue;
    end
    %  当前类别信息
    class_names{end + 1} = sub_dbs(i).name;
```

```
    %  图像文件列表
    files_i = ls(fullfile(sub_dbs(i).folder, sub_dbs(i).name, '*.jpg'));
    %  随机排序
    files_i = files_i(randperm(size(files_i,1)), :);
    %  获取训练集和测试集
    for j = 1 : size(files_i, 1)
        if j < size(files_i, 1) * train_rate
            %  训练集
            train_files{end + 1} = fullfile(sub_dbs(i).folder, ...
sub_dbs(i).name, strtrim(files_i(j,:)));
            train_labels(end + 1) = length(class_names);
        else
            %  测试集
            test_files{end + 1} = fullfile(sub_dbs(i).folder, ...
sub_dbs(i).name, strtrim(files_i(j,:)));
            test_labels(end + 1) = length(class_names);
        end
    end
end
```

数据集共包括 11 个子文件夹,每个子文件夹包括 10 幅图像,程序设置按照 7:3 的比例拆分,得到 66 幅图像的训练集和 44 幅图像的测试集。

2. 人脸提取

初始数据集的图像由人脸和背景图构成,需要进行人脸检测及裁剪,获得统一尺寸的人脸图像,此处使用前面介绍的 get_face_rect 函数提取人脸并将其向量化,关键代码如下所示。

```
%  初始化人脸矩阵
train_vecs = [];
test_vecs = [];
%  人脸检测器
face_detector = ...
vision.CascadeObjectDetector('haarcascade_frontalface_default.xml');
for i = 1 : length(train_files)
    %  训练集图像
    im = imread(train_files{i});
    %  提取人脸
    [~, face_im] = get_face_rect(im, face_detector);
    %  灰度化
    if ndims(face_im) == 3
        face_im = rgb2gray(face_im);
    end
    %  人脸向量
    train_vecs = [train_vecs; double(face_im(:)')];
end
```

```
for i = 1 : length(test_files)
    % 测试集图像
    im = imread(test_files{i});
    % 提取人脸
    [~,face_im] = get_face_rect(im,face_detector);
    % 灰度化
    if ndims(face_im) == 3
        face_im = rgb2gray(face_im);
    end
    % 人脸向量
    test_vecs = [test_vecs; double(face_im(:)')];
end
```

运行此段代码,将对训练集、测试集进行遍历,提取人脸图像并进行向量化,存储到对应的矩阵,由于 get_face_rect 函数设定了返回 100×80 维度的图像,将其转换为 1×8000 维度的列向量,所以此处得到 66×8000 维度的训练集矩阵和 44×8000 维度的测试集矩阵。

3. PCA 降维

PCA 的主要思想是保留数据集中对方差贡献最大的特征进而简化数据,达到降维的目的。在人脸数据集中,我们可以通过构造协方差矩阵,选择要保留的特征向量维度,生成特征脸子空间,将其用于训练集和测试集的降维处理,最终得到对应的特征向量。

首先,设置参数并计算平均脸向量,关键代码如下。

```
% 训练集的维度
[m, n] = size(train_vecs);
% 保留 k 维
k = 20;
% 计算均值
mean_vec = mean(train_vecs);
```

然后,计算协方差矩阵,提取指定维度的特征向量,关键代码如下。

```
% 减去均值
train_vecs2 = train_vecs - repmat(mean_vec, m, 1);
% 协方差矩阵
cov_matrix = train_vecs2 * train_vecs2';
% 计算 k 维特征向量
[V, ~] = eigs(cov_matrix,k);
```

最后,计算特征脸空间,提取训练集和测试集的特征,关键代码如下。

```
% 计算特征脸空间
V = train_vecs2' * V;
% 训练集对应的特征向量
train_pca = train_vecs2 * V;
% 测试集对应的特征向量
test_pca = (test_vecs - repmat(mean_vec,size(test_vecs,1),1)) * V;
```

经过这些步骤的处理后,可以得到 8000×20 维度的特征脸子空间 V,以及 66×20 维度的训练集特征、44×20 维度的测试集特征,达到降维及特征提取的目标。此外,为了进一步观察平均脸和特征脸空间的特点,可以将其重构为 100×80 维度的图像矩阵,进行可视化显示,关键代码如下。

```
% 可视化显示平均脸和特征脸子空间
imi = reshape(mean_vec, 100, 80);
figure; imshow(mat2gray(imi))
figure;
for i = 1 : k
    imi = reshape(V(:,i), 100, 80);
    subplot(5, 4, i); imshow(mat2gray(imi));
end
```

运行此段代码,可将生成的平均脸和特征脸子空间进行重构,得到二维人脸图像,具体效果如图 8-6 所示。

(a) 平均脸

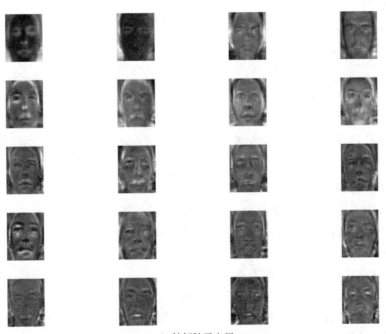

(b) 特征脸子空间

图 8-6 平均脸和特征脸子空间

如图 8-6(b)所示,对应于设置的降维参数,特征脸子空间由 20 幅特征脸构成,可将原始的图像数据投影到此空间获得 1×20 维度的向量,进而可方便地用于分类识别。

8.3.3 人脸分类识别

通过 PCA 降维后得到了统一维度的特征向量以及对应的标签列表,这是典型的有监督机器学习应用,可利用多种方法进行分类识别,例如最近邻方法(Nearest Neighbor,NN)、决策树、支持向量机(Support Vector Machine,SVM)、神经网络等。本节采用基础的最近邻方法、支持向量机方法进行实验,并计算对应的识别率。

1. 最近邻方法

最近邻方法是经典的机器学习方法之一,其主要思想是计算待测样本与已知样本集中最近距离的样本,将该样本对应的类别作为识别结果。根据不同的应用场景,样本间的距离计算公式可采用欧氏距离、汉明距离和余弦距离等,此处采用基础的欧氏距离进行计算,获取与待测人脸最相近训练样本的类别信息作为识别结果,同时统计识别准确率,关键代码如下。

```
% 最近邻方法
jn_acc = 0;
for i = 1 : size(test_pca, 1)
    % 待测样本
    ti = test_pca(i,:);
    % 欧氏距离计算
    di = sum((train_pca - repmat(ti, size(train_pca, 1), 1)).^2, 2);
    % 最近样本对应的类别
    [~, ind] = min(di);
    jn_acc = jn_acc + isequal(train_labels(ind),test_labels(i));
end
jn_acc = jn_acc/size(test_pca, 1);
fprintf('\n 最近邻方法识别率为:%.2f % %\n', jn_acc * 100);
```

运行此段代码,可得到基于最近邻方法的识别率为 90.91%,可以发现对当前的数据集采用基础的 PCA 降维提取特征及最近邻分类识别方法,可以得到相对理想的识别率。

2. 支持向量机方法

支持向量机方法是建立在统计学习理论基础上的机器学习方法,在解决小样本、高维度和非线性问题上具有优秀的表现,具有良好的泛化能力。支持向量机方法的基本思想是定义最优线性超平面,将寻找最优线性超平面的算法归结为对凸优化问题的求解,使用核函数计算向量在高维空间的内积,从而避免维数灾难。支持向量机方法具有完整的理论依据,对数据噪声有一定的容错能力,在一定程度上能够提高数据的可分性。

为了进行分类实验,本节不过多地介绍 SVM 的理论知识,使用经典的 LIBSVM 工具箱进行分类实验。LIBSVM 是台湾大学林智仁(Lin Chih-Jen)博士开发设计的一个简单易用的 SVM 工具箱,可方便地进行集成调用。此处将前面计算的训练数据集中的特征向量、标签向量作为参数输入,训练 SVM 分类器模型,并将其应用于测试数据集,统计识别准确率,关键代码如下。

```
% SVM 方法
addpath(genpath('./libsvm-3.21'));
svm_model = svmtrain(train_labels(:),train_pca,'-t 0 -s 0');
[pre_labels,svm_acc,~] = svmpredict(test_labels(:),test_pca,svm_model);
fprintf('\nSVM 方法识别率为:%.2f%%\n', svm_acc(1));
% 存储模型
save model.mat class_names mean_vec V svm_model
```

运行此段代码,可得到基于支持向量机方法的识别率为 95.45%,可将其应用于课堂考勤打卡的人脸识别模块。此外,为了复用 PCA 降维及 SVM 识别模型,我们将关键数据对象存储到 model.mat 文件,为了更好地集成对比不同步骤的处理效果,贯通整体的处理流程,本案例开发了一个 GUI 界面,集成人脸检测、人脸识别、考勤打卡、考勤统计等关键步骤,并显示处理过程中产生的中间结果图像。其中,集成应用的界面设计如图 8-7 所示。

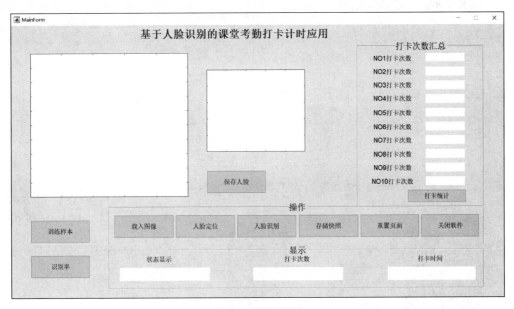

图 8-7　界面设计

8.4　集成应用开发

如图 8-7 所示,课堂考勤打卡主要分为操作区、显示区、统计区和功能区,对应不同的关联处理函数。其中,单击"载入图像"按钮可弹出文件选择对话框,可选择待处理图像并显示到左侧的显示面板;单击"人脸定位"按钮可对载入的人脸图像进行检测标记,并将人脸区域裁剪于右侧小窗口显示；单击"人脸识别"按钮将弹出识别结果并在下方显示区显示当前人员的状态信息；单击"打卡统计"按钮将显示当前打卡次数在前 10 位的情况。为了验证处理流程的有效性，我们选择待测图像进行实验，具体效果如图 8-8～图 8-10 所示。选择某待测图像，调用 Haar-like 级联分类器进行人脸定位和裁剪，通过 PCA 模型进行降维特征提取，最终通过 SVM 模型进行人脸识别，并显示对应的打卡状态，完成课堂考勤打卡功能。

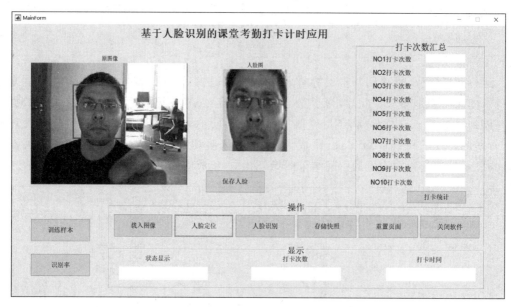

图 8-8　人脸定位实验效果图

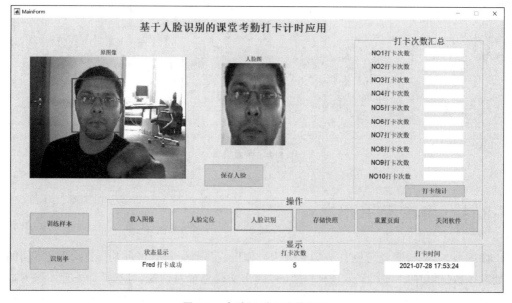

图 8-9　人脸识别实验效果图

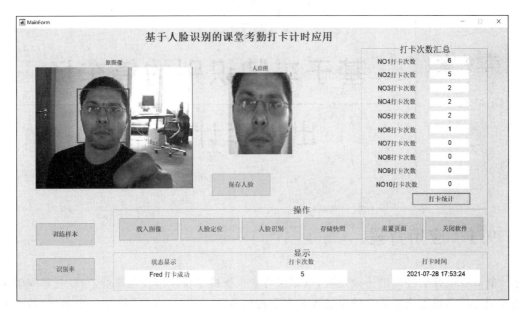

图 8-10 打卡统计实验效果图

读者可以尝试其他的数据集或者添加新的图像类别来查看处理效果,也可以考虑不同的人脸检测和识别方法进行集成改进,做进一步的应用延伸。

8.5 案例小结

随着计算机科学技术的持续发展,特别是近几年人工智能领域的不断进步,人脸识别技术应用也得以推广普及,例如流行的人脸支付、人脸门禁和人脸检索等已经深入到我们生活的方方面面。本案例从基础的人脸检测、人脸库构建、降维特征提取和分类识别等步骤入手,重点讲解了如何采用基础的方法进行人脸检测与识别,并将其应用于课堂考勤打卡场景形成了一个集成应用。

读者可以考虑引入其他的人脸检测方法,例如基于关键点的人脸检测、基于深度学习的人脸检测等,并结合不同的图像分类方法进行人脸识别,构建不同的人脸识别应用。

## 第 9 章

基于车牌识别的停车场
出入库计费应用

9.1 应用背景

随着我国社会经济的持续发展,汽车保有量也保持了快速增长的态势,智能化停车管理已经成为提高城市交通管理效率及改善交通拥堵的重要手段。随着科学技术的进步,无人值守的智能化停车场已经广泛应用于各大小区、商场和办公区等场所,相比于传统的人工核验计时和缴费的过程,能够进一步改进停车效率,提高停车场的安全运营水平。车牌识别是智能化交通管理的基础技术模块之一,它利用车牌是车辆唯一性标识的原则,通过摄像机抓拍等方式获取车牌图像,采用视觉智能分析方法进行识别。车牌识别技术可在不影响车辆通行的前提下由计算机自动化完成,提升交通管理工作的效率。

停车场车牌识别应用场景具有车速慢、拍摄范围固定和识别距离较短的特点,一般可抓拍到车头区域相对清晰的车牌图像,通过智能化识别技术获得车牌信息并按照设定的规则进行自动化分阶段计费,将车辆状态与自动门、栏杆设备等进行联动,实现车辆的自动化通行管理。本案例针对停车场车牌识别应用场景,采用基础的车牌定位、车牌字符分割和车牌字符识别方法,结合设定的计费规则进行计费,建立基于车牌识别的停车场出入库计费应用。

9.2 车牌检测

车牌检测是指对包含车牌的图像进行分析,定位出车牌的位置,分割出车牌区域图像,是车牌识别系统的重要组成部分。以我国车牌为例,车牌区域具有明显的形状、颜色和结构特征,主要包括如下特点。

(1)形状特征:车牌一般呈现长方形的连续块状区域,且宽高比具有一定的范围,具有明显的形状特征。

(2)颜色特征:根据车辆用途的不同,车牌也对应不同的颜色,例如小型汽车的蓝底白字车牌、新能源汽车的绿底黑字车牌和大型汽车的黄底黑字车牌等。

（3）结构特征：车牌四周一般是连续的边框，内部包含固定格式的字符，例如常见的以省份简称、英文字母和数字构成的共七位字符的普通车牌。

为了进行基础的车牌检测方法分析，本节选择两种经典方法进行车牌检测实验，分别是基于颜色的车牌检测方法和基于统计学习的车牌检测方法，从图像颜色分割和局部特征模板分类的角度出发进行车牌检测。

9.2.1 基于颜色的车牌检测方法

以停车场出入口摄像头抓拍的蓝底白字车牌为例，车牌区域的颜色总体上呈现明显的连续蓝色分布，直接采用 RGB 颜色范围分割的方法即可得到车牌的候选区域，主要技术流程如图 9-1 所示。对蓝底白字车牌采用颜色特征进行车牌区域定位，利用车牌区域的连续蓝色分布的区域特点进行分析，可分为预处理、阈值分割、投影定位三个步骤，下面我们模拟某停车场抓拍的图像并按此步骤进行实验。

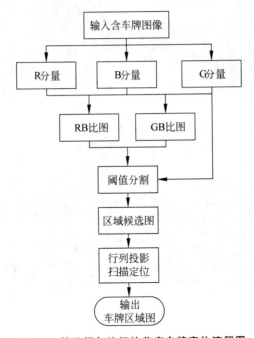

图 9-1 基于颜色特征的蓝底车牌定位流程图

1. 预处理

读取图像，并提取 R、G、B 三分量，分别计算 R、G 分量与 B 分量的比值图，关键代码如下。

```
% 提取 r、g、b 分量
r = double(img(:,:,1));
g = double(img(:,:,2));
```

```
b = double(img(:,:,3));
% 消除 0 值
b(b < eps) = eps;
% 红蓝比、绿蓝比
rb = r./b;
gb = g./b;
```

运行此段代码,可得到 R、G、B 三分量以及 RB、GB 比值图,效果如图 9-2 所示。输入图像的车牌区域呈现明显的蓝色分布特征,分别计算红色分量与蓝色分量、绿色分量与蓝色分量的比值,可发现车牌区域呈现明显的偏暗特征,这也正对应了车牌区域内蓝色分量占主要成分的客观事实。因此,此处可采用基础的阈值分割方法,提取车牌候选区域。

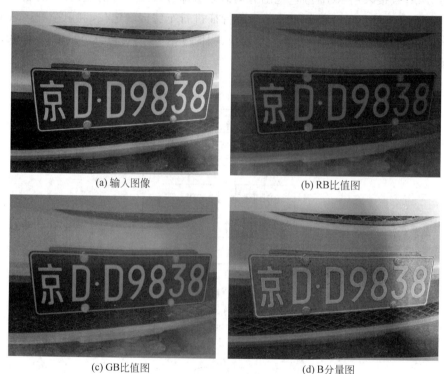

(a) 输入图像　　　　　　　　　　　　　　(b) RB比值图

(c) GB比值图　　　　　　　　　　　　　　(d) B分量图

图 9-2　代码运行结果

2. 阈值分割

从图 9-2 可以发现,RB 比值图的车牌区域相对于 GB 比值图更加偏暗,为此可对 RB 比值图的分割选择相对较低的阈值进行分割,对 GB 比值图选择相对较高的阈值进行分割。此外,B 分量图的车牌区域呈现出一定范围内的亮度分布特点,可以选择相对较低的阈值进行分割。对 RB 比值图、GB 比值图和 B 分量图,分别选择阈值 0.5、0.8 和 80 进行阈值分割,并进行二值图合并,得到候选图。关键代码如下。

```
% 阈值范围分割
```

```
bw = rb < 0.5 & gb < 0.7 & b > 80;
```

运行此段代码,可得到车牌区域候选图,效果如图 9-3 所示。通过设定的阈值范围进行分割与合并得到车牌区域候选图,进而能突出显示蓝底白字的车牌区域,便于进一步定位分割。

图 9-3　车牌区域候选图

3. 投影定位

从图 9-3 可以发现,车牌区域呈现明显的连续白色分布,但非车牌区域依然存在部分噪声干扰,如果对此图像按照水平、垂直方向做积分投影,则车牌区域会呈现明显的连续长波峰分布特点,因此可进行进一步的定位分割,关键代码如下所示。

```
% 计算行列数
[M,N] = size(bw);
% 水平方向投影,并归一化
hr = sum(bw,2);
hr = (hr - min(hr)) ./ (max(hr) - min(hr)) * N;
% 垂直方向投影,并归一化
vc = sum(bw,1);
vc = (vc - min(vc)) ./ (max(vc) - min(vc)) * M;
% 绘图对应
figure; imshow(bw, []);
hold on; plot(hr, 1:M, 'r-', 'LineWidth', 2);
title('水平投影');
figure; imshow(bw, []);
hold on; plot(1:N, vc, 'r-', 'LineWidth', 2);
title('垂直投影');
```

运行此段代码,可对前面得到的候选图进行水平、垂直方向的积分投影。注意到这里采用归一化方法,结合图像的高度和宽度分别将水平、垂直方向的投影曲线的尺度对应到图像叠加显示,最终效果如图 9-4 所示。可以发现,水平方向的积分投影在车牌区域的上下边界位置呈现出明显的峰值;垂直方向的积分投影在车牌区域的左右边界位置呈现出明显的峰值。

(a) 水平方向投影曲线

(b) 垂直方向投影曲线

图 9-4　积分投影效果图

下面使用简单的阈值判断技术提取车牌的具体位置,关键代码如下。

```
% 行列位置定位
ind_r = find(hr > max(hr) * 0.5);
ind_c = find(vc > max(vc) * 0.5);
rect = [ind_c(1) ind_r(1) ind_c(end) − ind_c(1) ind_r(end) − ind_r(1)];
```

运行后可得到车牌区域的矩形框位置信息,将其叠加到原图进行显示,得到效果如图 9-5 所示。基于颜色的车牌检测方法通过预处理、阈值分割、投影定位三大步骤后可获得准确的车牌区域定位效果。但是,这种方法对图像的拍摄条件具有较高的要求,难以应对拍摄条件异常的情况,例如雨天、雾天等,虽然可通过闪光灯照射补光等方法进行优化,但难以避免出现较多的误定位问题,所以需要综合考虑不同拍摄条件下的车牌检测问题,在保证效率的前提下提高检测效果的鲁棒性。

图 9-5　基于颜色特征进行车牌区域定位

9.2.2　基于统计学习的车牌检测方法

基于统计学习的车牌检测方法对车牌样本和非车牌样本进行模型训练,无须使用特定的先验知识和阈值范围,具有一定的通用性。Adaboost 算法具有计算量小、运行速度快的优点,haar 特征对车牌和非车牌具有良好的区分性,因此可利用 Haar-like 级联分类器进行车牌检测。基于 Haar-like 级联分类器进行目标检测是经典的检测方法,这里我们重点分析如何进行模型的加载和调用,在 MATLAB 中可方便地在函数 CascadeObjectDetector 中传入公开的车牌检测模型文件进行车牌检测,并对检测结果进行一定的延拓,关键代码如下。

```
% 车牌检测器
carplate_detector = vision.CascadeObjectDetector('haarcascade_carplate.xml');
% 检测车牌
rect = step(carplate_detector, img);
% 延拓边界
rect = [rect(1,1:2) - 20 rect(1,3:4) + 40];
```

运行此段代码,可利用已训练的 haar 级联分类器模型进行车牌检测,运行效果如图 9-6 所示。

图 9-6　基于级联分类器进行车牌区域定位

如图 9-6 所示,基于级联分类器进行车牌区域定位可使用较少的步骤进行车牌区域的定位,无须预设阈值参数,具有一定的通用性。因此,将车牌提取的过程进行函数封装,融合颜色分割与级联分类器分割两种方法进行车牌定位,具体代码如下所示。

```
function [rect,carplate_img] = get_carplate_rect(img,carplate_detector)
try
    % 提取 r、g、b 分量
    r = double(img(:,:,1));
    g = double(img(:,:,2));
    b = double(img(:,:,3));
    % 消除 0 值
    b(b < eps) = eps;
    % 红蓝比、绿蓝比
    rb = r./b; gb = g./b;
    % 阈值范围分割
```

```
        bw = rb < 0.5 & gb < 0.7 & b > 80;
        % 计算行列数
        [M,N] = size(bw);
        % 水平方向投影,并归一化
        hr = sum(bw,2);
        hr = (hr - min(hr)) ./ (max(hr) - min(hr)) * N;
        % 垂直方向投影,并归一化
        vc = sum(bw,1);
        vc = (vc - min(vc)) ./ (max(vc) - min(vc)) * M;
        % 行列位置定位
        ind_r = find(hr > max(hr) * 0.5);
        ind_c = find(vc > max(vc) * 0.5);
        rect = [ ind_c(1) ind_r(1) ind_c(end) - ind_c(1) ind_r(end) - ind_r(1)];
catch
    if nargin < 2
            % 车牌检测器
            carplate_detector = ...
vision.CascadeObjectDetector('haarcascade_carplate.xml');
    end
        % 检测车牌
    rect = step(carplate_detector, im);
        % 延拓边界
    rect = [rect(1,1:2) - 20 rect(1,3:4) + 40];
end
% 裁剪车牌
carplate_img = imcrop(img, round(rect));
```

函数 get_carplate_rect 首先通过颜色分割的方法进行车牌定位,如果发生异常则以调用级联分类器的方法进行车牌定位,这样可进一步提高车牌区域检测的鲁棒性。

9.3 车牌识别

通过车牌检测模块可获得包含车牌字符的区域图像,以蓝底白字车牌为例,一般由七个字符组成,且第一个字符为汉字、第二个字符为大写英文字母、其他的字符由大写英文字母和数字构成,具有字符类别有限、字体格式单一和排列规则固定的特点。因此,可对车牌区域图像先进行字符分割,得到字符序列并进行分类识别,最终得到对应的车牌信息。

9.3.1 字符分割

以蓝底白字车牌为例,字符分割的目标是对车牌区域的字符进行分割得到独立的七个字符,用于字符识别。考虑到车牌字符的分布特点,不同字符之间存在较为明显的间隔,因此可对车牌区域图像进行二值化和连通域分析步骤得到预处理后的区域图,然后对其进行垂直方向的积分投影得到字符分割位置,进而获得连续的车牌字符。

1. 预处理

以蓝底白字车牌为例,车牌区域的底色为蓝色且字符颜色为白色,比较适合进行二值化处理来突出字符图像,关键代码如下。

```
% 获取车牌区域
[rect,carplate_img] = get_carplate_rect(img);
% 车牌区域灰度化
carplate_gray = rgb2gray(carplate_img);
% 车牌区域二值化
carplate_bw = imbinarize(carplate_gray,'adaptive');
```

运行后将得到二值化后的车牌区域图像,效果如图 9-7 所示。直接进行二值化可以得到车牌区域黑白图,但依然存在明显的干扰因素,例如周边的框线、铆钉和噪声点等。通过观察可以发现,车牌字符具有宽度固定和间隔固定的特点,且只有第一个汉字字符内部可能会存在不连续的组成部分。

图 9-7　车牌区域二值化图像

可对此二值化图像进行连通域分析并提取区域属性,判断区域的宽度、面积,消除干扰因素;同时,对连通区域所处的水平位置进行判断,消除不在汉字字符内的异常区域,关键代码如下。

```
[m, n] = size(carplate_bw);
% 连通域分析
[L,num] = bwlabel(carplate_bw);
stats = regionprops(L);
for i = 1 : num
    % 遍历每个区域进行筛选
    recti = stats(i).BoundingBox;
    if recti(3)/n > 1/5 || ...
            stats(i).Area/(m * n) < 1e-3 || ...
            (recti(1)/n > 1/5 && recti(4)/m < 1/5)
        % 区域宽度、区域面积、非汉字区域的高度
        carplate_bw(L == i) = 0;
    end
end
```

运行后将得到区域筛选后的车牌二值图像,效果如图 9-8 所示。

图 9-8　区域筛选后的车牌二值图像

经过区域筛选后可消除大部分干扰因素,但在左侧依然存在部分边框的干扰,考虑到车牌字符的最左侧为汉字且呈现纵向长方形块区域的特点,所以可采用在左侧进行形态学闭合变换的方式来得到连通的字符图像,关键代码如下。

```
% 形态学闭合
carplate_bw(:,1:round(n/5)) = imclose(carplate_bw(:,1:round(n/5)), strel('line', round(m *
0.5), 90));
```

运行后将得到将左侧汉字区域形态学闭合后的二值图像,效果如图 9-9 所示。经过处理后最终可得到包含七个连通字符子区域的二值化图像,可根据区域特征进行投影分割,得到字符序列图。

图 9-9　左侧汉字区域形态学闭合后的二值图像

2. 投影分割

经过预处理后可得到由连通字符区域构成的二值化图像,但依然存在部分噪声干扰,为此可利用字符区域宽度、间隔宽度的特点进行垂直方向的积分投影,计算字符分割的区域位置,关键代码如下。

```
% 垂直方向积分投影
vc = sum(carplate_bw,1);
vc2 = m - (vc - min(vc)) ./ (max(vc) - min(vc)) * m;
figure;
imshow(carplate_bw, []);
hold on;
plot(1:n, vc2, 'r-', 'LineWidth', 2);
title('垂直投影');
```

运行后可得到垂直投影曲线,将其可视化叠加到二值图像,效果如图 9-10 所示。

经过垂直积分投影后,字符区域呈现连续变化的波形,非字符间隔区域呈现小范围

图 9-10　垂直方向积分投影效果

的波形或常量分布,因此可按顺序进行扫描,提取符合条件的连续波形进行存储,关键代码如下。

```
% 扫描范围
st = 1; et = n;
% 初始化
T = [];
while 1
    if st == n
        % 到达结束
        break;
    end
    % 当前循环初始化
    s_tmp = 0; e_tmp = 0;
    for i = st : et
        if s_tmp == 0 && vc(i) > 10
            % 出现起始点
            s_tmp = i;
            continue;
        end
        if (s_tmp > 0 && vc(i) < 10) || (i == et)
            % 出现截止点
            e_tmp = i;
            if (e_tmp - s_tmp > n/30) && (e_tmp - s_tmp < n/5)
                % 存储
                T = [T; s_tmp e_tmp];
            end
            break;
        end
    end
    % 更新扫描起始范围
    st = e_tmp;
end
```

运行此段代码,可对字符区域进行遍历扫描,根据设置的区域宽度提取符合条件的连续区域,下面绘制字符区域的起始和结束分割线,效果如图 9-11 所示。

图 9-11　字符分割效果

采用对垂直积分投影曲线进行扫描分割的方法,可以定位出字符区域的左右边界,再结合字符区域的有效像素范围即可得到字符的精确定位结果,具体如下所示。

```
for i = 1 : size(T, 1)
    % 当前字符区域
    carplate_bwi = carplate_bw(:, T(i,1):T(i,2));
    % 区域水平投影
    hsi = sum(carplate_bwi,2);
    ind = find(hsi > size(carplate_bwi,2) * 0.1);
    % 区域矩形框
    recti = [T(i,1) ind(1) T(i,2) - T(i,1) ind(end) - ind(1)];
end
```

通过此项操作可以得到字符区域的精确位置,将其叠加到车牌区域图进行显示,效果如图 9-12 所示,可得到车牌字符区域的精确分割结果。

图 9-12　字符定位效果

考虑到车牌内各字符高度的统一性,可将分割后的字符按高度进行尺寸放缩,得到尺寸统一的字符列表,效果如图 9-13 所示。

图 9-13　字符统一高度效果

9.3.2 字符识别

车牌字符集具有一定的特殊性,一般由固定的汉字集、英文大写字符和数字组成。以蓝底白字车牌为例,第 1 个字符为汉字对应于省份的简称,第 2 个字符为大写英文字母,第 3~7 个字符为大写英文字母或数字。因此,收集常见的车牌字符并制作数据集,每个文件夹对应汉字、大写英文字母和数字的字符图像,如图 9-14 所示。车牌字符数据集是有限的字符类别集合。因此,车牌字符的识别本质上也是一个分类问题,本案例采用基础的"特征提取+分类器"的方法,对车牌字符图像进行 Gabor 特征提取并采用支持向量机分类器训练,最终得到识别模型。

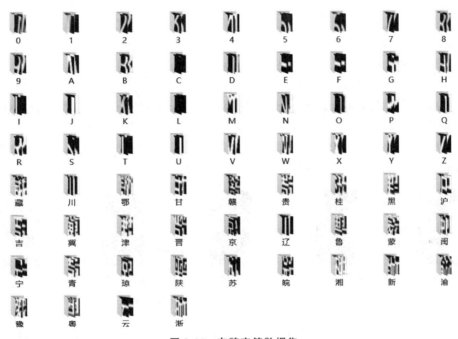

图 9-14 车牌字符数据集

1. 特征提取

Gabor 特征是经典的图像纹理特征,一般通过 Gabor 滤波器来提取。由于 Gabor 滤波器的频率和方向与人类视觉系统中简单细胞的视觉刺激类似,所以采用 Gabor 特征能更好地描述图像的局部特征。Gabor 特征具有平移不变性和旋转不变性等优点,能够较好地反映出图像的局部细节,并且对光照变化具有一定的鲁棒性。因此,本节对车牌字符数据集选择 imgaborfilt 函数提取字符图像的 Gabor 特征,封装特征提取函数如下。

```
function T = get_gabor_vec(Img)
% 提取图像 gabor 纹理特征
```

```
if ndims(Img) == 3
    Im = rgb2gray(Img);
else
    Im = Img;
end
I = mat2gray(Im);
% 设置滤波器参数
len = 4;
orientation = [0 45 90 135];
for i = 1 : 4
    % 四方向特征
    [mag{i},~] = imgaborfilt(I,len,orientation(i));
end
% 特征融合
mag = mag{1} + mag{2} + mag{3} + mag{4};
% 特征尺度归一化
T = imresize(mag, [10, 10], 'bilinear');
T = T(:)';
```

将此函数应用于前面构建的车牌字符数据集,以某字符图像 0 为例,原图及提取出的四方向 Gabor 特征如图 9-15 所示。对字符图像按照 0°、45°、90°、135°四方向提取 Gabor 特征,可得到图像在不同方向的纹理特征,能反映出图像的局部纹理细节,可将其作为灰度图像的特征提取方法。

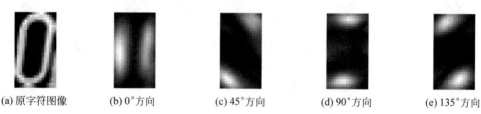

(a) 原字符图像   (b) 0°方向   (c) 45°方向   (d) 90°方向   (e) 135°方向

图 9-15 原字符及各方向 Gabor 特征图

面对前面设置的字符图像数据集进行遍历,提取对应的 Gabor 特征和标签信息进行存储,关键代码如下。

```
% 数据集
db = fullfile(pwd, 'db');
sub_dbs = dir(db);
% 拆分比例
train_rate = 0.7;
% 初始化训练集、测试集
class_names = [];
train_vecs = []; train_labels = [];
test_vecs = []; test_labels = [];
% 遍历读取
for i = 1 : length(sub_dbs)
```

```
        if ~(sub_dbs(i).isdir && ~isequal(sub_dbs(i).name, '.') ...
&& ~isequal(sub_dbs(i).name, '..'))
            % 如果不是有效目录
            continue;
        end
        % 当前类别信息
        class_names{end+1} = sub_dbs(i).name;
        % 图像文件列表
        files_i = ls(fullfile(sub_dbs(i).folder, sub_dbs(i).name, '*.jpg'));
        % 随机排序
        files_i = files_i(randperm(size(files_i,1)),:);
        % 获取训练集和测试集
        for j = 1 : size(files_i, 1)
            % 读取当前图像
            img = imread(fullfile(sub_dbs(i).folder, ...
sub_dbs(i).name, strtrim(files_i(j,:))));
            vec = get_gabor_vec(img);
            if j < size(files_i, 1) * train_rate
                % 训练集
                train_vecs(end+1,:) = vec;
                train_labels(end+1) = length(class_names);
            else
                % 测试集
                test_vecs(end+1,:) = vec;
                test_labels(end+1) = length(class_names);
            end
        end
    end
end
```

运行此段代码,可获取字符数据集的 Gabor 特征、标签信息,并按照 7∶3 的比例拆分出训练集和测试集,用于后面的分类识别。

2. 模型训练

支持向量机方法(Support Vector Machine,SVM)是经典的监督机器学习方法,主要思想是通过一个或多个高维超平面建立数据的决策边界,基于“支持向量”的形式表示分类边界,因此称为支持向量机。为了进行分类实验,本节不过多介绍 SVM 的理论知识,使用库函数 fitcecoc 进行训练、predict 进行预测。其中,分类模型的训练代码如下。

```
% 加载数据集
load db.mat
model = fitcecoc(train_vecs,train_labels(:));
save model.mat class_names model
```

运行后将得到模型文件,存储了类别信息和模型对象,可快速进行加载调用。下面以前面车牌字符的分割结果为例,采用此分类模型进行识别,关键代码如下。

```
load model.mat
for i = 1 : length(ims)
```

```
    imi = ims{i};
    % 提取特征
    vec(i,:) = get_gabor_vec(imi);
end
% 分类识别
id = predict(model, vec);
% 输出字符结果
res = cat(2,class_names{id})
```

运行此段代码,对图 9-12 所示的字符序列进行特征提取和分类识别,得到识别结果为"京 DD9838",获得了正确的车牌识别结果。

9.4　集成应用开发

为了更好地集成对比不同步骤的处理效果,贯通整体的处理流程,本案例开发了一个 GUI 界面,集成汽车入库、汽车出库、智能识别等关键步骤,并显示处理过程中产生的中间结果图像。其中,集成应用的界面设计如图 9-16 所示。

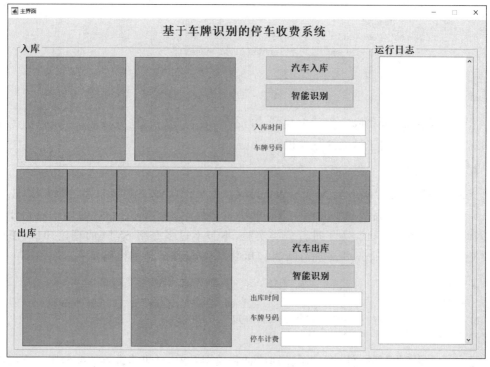

图 9-16　界面设计

模拟车辆出入库的应用场景,按照入库、出库的方式进行区分,将车牌图像、识别结果和出入库时间进行统一显示。此外,停车场一般采用分段计费的方式,本案例将计费规则简化为：1 小时 2 元，0.5 小时 1 元，不足 0.5 小时按 0.5 小时计算，超过 0.5 小时不足 1 小时按 1 小时计算。为了验证处理流程的有效性，我们采用前面提到的测试图像进行实验，运行效果如图 9-17 所示。选择某待测图像，自动进行车牌定位、车牌字符分割和识别，模拟车辆出入库的应用场景，通过设定的计时规则对车辆停车时间进行计费，并在界面上显示相关信息，完成车辆停车收费的功能。

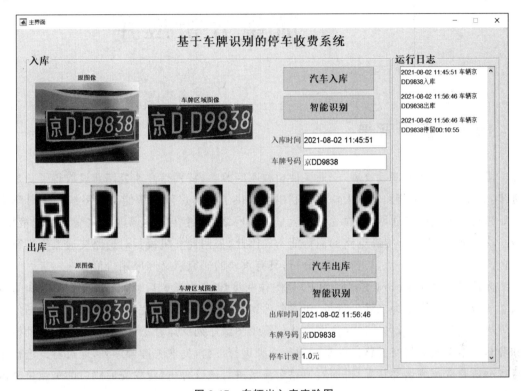

图 9-17　车辆出入库实验图

读者可以尝试其他的测试图像或者设置不同的计费规则来查看处理效果，也可以考虑不同的车牌检测和字符识别方法进行集成改进，做进一步的应用延伸。

9.5　案例小结

车牌识别是计算机视觉智能化的典型场景之一，已广泛应用于智能交通、辅助驾驶等领域。特别是近年来大数据和人工智能技术的不断发展，人们的工作和生活逐渐信息化和智能化。本案例结合停车场车辆出入库自动识别应用，从基础方法入手采用车牌检测、字符分割和识别技术流程进行车牌定位和识别，形成了一个停车场出入库智能化管理的集成应用。

读者可以考虑引入其他的目标检测及识别方法，例如基于 YOLO 的车牌检测、基于 CNN 的字符识别等，构建不同的智能化技术流程，拓展到其他的应用场景。

## 第 10 章

基于光流场的交通

流量分析应用

10.1 应用背景

随着我国经济的蓬勃发展,交通条件也在不断改善,特别是高速公路建设取得了长足的进步,为经济社会持续发展和人们的便利出行提供了坚实保障。智能交通系统采用科学手段管理现有的公路交通网络,建立交通流量监测网络,通过智能化调度优化交通控制策略,减少交通拥堵,进一步提高道路的通行能力。因此,采用计算机视觉对道路交通流量进行有效监测,及时对道路车流量进行数据分析,具有重要的研究意义和应用价值。

光流场(Optical Flow Field,OFF)是图像灰度模式的表观运动,属于像素级运动的范畴。光流场一般表示为二维矢量场,包含各像素点的瞬时运动速度和方向。因此,对图像帧序列进行光流场分析,可通过光流场变化估算出图像序列的运动场,进而实现目标运动检测和分析。本案例对某交通路口的车辆通行视频进行分析,提取关键帧序列,通过对其进行光流场分析获取车辆运动状况,进而对道路车流量进行统计分析,建立交通路口的车流量分析应用。

10.2 视频解析

随着便携式拍摄设备特别是智能手机的普及,视频应用越来越广泛,例如视频监控、短视频直播等,已普及到我们生活的方方面面。视频可以视作在时间轴上的关键帧序列,同时包含声音、图像和属性等多媒体内容。因此,可对视频进行连续帧序列计算,也可将视频每一帧作为静态图像进行单独的图像处理,进而可将计算机视觉技术应用于视频分析,形成对视频内容的数据挖掘应用。

视频解析的主要处理内容包括视频属性提取、视频读取和视频生成,在 MATLAB 中可分别通过函数 mmfileinfo、VideoReader 和 VideoWriter 实现相关处理,下面我们按照功能模块进行阐述。

10.2.1　视频属性

通过 info＝mmfileinfo(filename)可获得视频文件的属性信息，主要属性内容如表 10-1 所示。

表 10-1　视频文件属性的字段列表

字 段 名 称	字 段 内 容		
Filename	视频文件名称信息		
Path	视频文件所在文件夹信息		
Duration	视频的时长（单位为秒）		
Audio	音频基本信息	名称	内容
		Format	音频格式
		NumberOfChannels	音频通道数
Video	视频基本信息	名称	内容
		Format	视频格式
		Height	视频帧高度
		Width	视频帧宽度

下面对待测视频 viptraffic.avi 进行属性提取，运行结果如下。

```
Filename: 'viptraffic.avi'
     Path: './基于光流场的交通流量分析应用'
 Duration: 8
    Audio:
            Format: ''
 NumberOfChannels: []
    Video:
 Format: 'MJPG'
 Height: 120
  Width: 160
```

由此可见，待测视频可解析，并且关键帧维度为 120×160 的大小，时长为 8 秒，不包含音频信息。

10.2.2　视频读取

通过 vid ＝ VideoReader(filename)可建立视频文件的读取对象，主要属性内容如表 10-2 所示。

表 10-2　视频读取对象的字段列表

字 段 名 称	字 段 内 容	字 段 名 称	字 段 内 容
Name	视频文件名称信息	Width	视频帧宽度
Path	视频文件所在文件夹信息	FrameRate	平均帧率，即每秒的视频帧数
Duration	视频的时长（单位为秒）	BitsPerPixel	视频帧图像的每像素的位数
CurrentTime	要读取的视频帧的时刻（单位为秒）	VideoFormat	视频帧格式
Height	视频帧高度		

下面对待测视频 viptraffic. avi 建立读取对象，运行结果如下。

常规属性：
```
            Name: 'viptraffic.avi'
            Path: './基于光流场的交通流量分析应用'
        Duration: 8
     CurrentTime: 0
```
视频属性：
```
           Width: 160
          Height: 120
       FrameRate: 15
    BitsPerPixel: 24
     VideoFormat: 'RGB24'
```

建立视频读取对象后，可通过函数 readFrame 读取视频帧图像，并通过函数 hasFrame 判断是否已读取完毕。下面以待测视频为例，遍历读取视频的帧序列，并将其保存到指定的文件夹，关键代码如下所示。

```matlab
function video2images(video_filename)
% 视频转图像帧序列
% 图中帧序列存储的文件夹
fd = fullfile(pwd, 'video_images');
if ~exist(fd, 'dir')
    mkdir(fd);
end
% 获取视频读取图像
vid = VideoReader(video_filename);
k = 0;
while hasFrame(vid)
    % 遍历读取帧并保存
    k = k + 1;
    frame = readFrame(vid);
    imwrite(frame, fullfile(fd, sprintf('%03d.jpg', k)));
end
```

将其保存为文件 video2images. m，运行 video2images('viptraffic.avi')后可提取视频帧序列并将其保存到文件夹 video_images，运行效果如图 10-1 所示。通过读取待测视频并保存帧序列共得到了 120 幅图像,这也与"平均帧率 15×时长 8＝120"相对应。

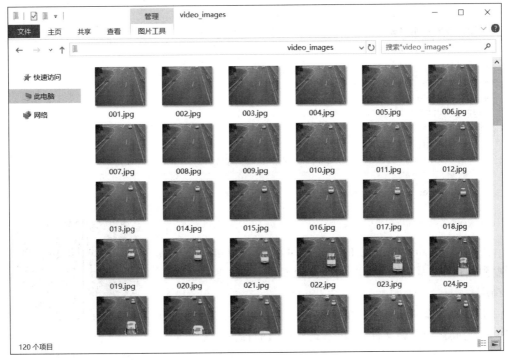

图 10-1 视频帧序列文件夹

10.2.3 视频生成

通过 vid ＝ VideoWriter(filename)可建立视频文件的写出对象,主要属性内容如表 10-3 所示。

表 10-3 视频生成对象的字段列表

字 段 名 称	字 段 内 容
Filename	视频文件名称信息
Path	视频文件所在文件夹信息
FileFormat	视频格式
ColorChannels	颜色通道数(1 对应单色、3 对应彩色)
FrameRate	平均帧率,即每秒的视频帧数
Quality	视频质量,[0,100] 范围内的整数。越大则质量越高且文件越大;越小则质量越低且越小

建立视频写出对象后,可先通过函数 open 打开视频帧数据写出句柄,再通过函数 writeVideo 将帧序列写出到视频文件,最后通过函数 close 关闭视频数据写出句柄,得到生

成的视频文件。下面对前面生成的帧序列进行遍历读取,将其写出到视频文件,关键代码如下。

```
% 设置视频写出对象
vid = VideoWriter('out.avi');
open(vid);
% 获取文件夹下的图像列表
fd = fullfile(pwd, 'video_images');
files = ls(fullfile(fd, '*.jpg'));
for k = 1:size(files, 1)
    % 读取当前文件
    im = imread(fullfile(fd, strtrim(files(k,:))));
    % 写出当前帧
    writeVideo(vid, im2frame(im));
end
close(vid);
```

运行此段代码,可创建新的视频文件,并遍历读取前面生成的视频帧序列图像,将其写出到新的视频文件,最终效果如图10-2所示。

综上,通过库函数可方便地获取视频文件的基本属性、读取帧序列、生成新的视频文件,即可实现对视频的解析。

out.avi

图 10-2　视频生成效果

10.3　交通流量分析

道路交通流量分析主要是对指定区域内的车辆通行进行监测,统计单位时间内的车辆通行频次,进而判断拥堵情况。因此,可对道路交通视频计算光流场变化,判断指定区域内的车辆运动情况,通过统计视频内的车辆通行数据进行交通流量的分析。

10.3.1　光流场计算

光流场主要有基于梯度的方法、基于匹配的方法、基于能量的方法和基于相位的方法,另外也有基于神经网络的计算方法。其中,基于梯度的方法直接利用图像梯度来计算光流,经典的有 Horn-Schunck(HS)、Lucas-Kanade(LK)等方法。基于梯度的方法以运动前后图像灰度保持不变作为先决条件,建立光流约束方程。对于视频帧序列集合$\{I_t\}$,假设位置坐标为(x,y)的像素点在 t 时刻的灰度值为 $I(x,y,t)$,且该像素点在 $t+\mathrm{d}t$ 时刻运动到新的位置$(x+\mathrm{d}x,y+\mathrm{d}y)$,则此时对应的灰度值为 $I(x+\mathrm{d}x,y+\mathrm{d}y,t+\mathrm{d}t)$。根据图像的一致性约束,当间隔足够小,即 $\mathrm{d}t\to0$ 时,图像沿着运动轨迹的亮度保持不变,满足如下条件:

$$I(x,y,t)=I(x+\mathrm{d}x,y+\mathrm{d}y,t+\mathrm{d}t)$$

(10-1)

假设图像灰度随(x,y,t)缓慢变换,则将式(10-1)进行泰勒级数展开,可得到如下分解公式：

$$I(x+\mathrm{d}x,y+\mathrm{d}y,t+\mathrm{d}t)\approx I(x,y,t)+\frac{\partial I}{\partial x}\mathrm{d}x+\frac{\partial I}{\partial y}\mathrm{d}y+\frac{\partial I}{\partial t}\mathrm{d}t \tag{10-2}$$

对式(10-2)计算偏导，可变换为：

$$\frac{\partial I}{\partial x}\frac{\mathrm{d}x}{\mathrm{d}t}+\frac{\partial I}{\partial y}\frac{\mathrm{d}y}{\mathrm{d}t}+\frac{\partial I}{\partial t}=I_x u+I_y v+I_t=0 \tag{10-3}$$

其中，$I_x=\dfrac{\partial I}{\partial x}$、$I_y=\dfrac{\partial I}{\partial y}$、$I_t=\dfrac{\partial I}{\partial t}$ 分别代表像素点的灰度随着 x,y,t 的变化率；$u=\dfrac{\mathrm{d}x}{\mathrm{d}t}$ 和 $v=\dfrac{\mathrm{d}y}{\mathrm{d}t}$ 分别表示像素点沿着 x 和 y 方向的移动速度，也就得到了该点的光流，因此式(10-3)可作为光流基本方程，写成向量形式可表示为：

$$\nabla \boldsymbol{I} \cdot \boldsymbol{U} + I_t = 0 \tag{10-4}$$

其中，$\nabla \boldsymbol{I}=[I_x,I_y]$ 表示梯度方向，$\boldsymbol{U}=[u,v]^{\mathrm{T}}$ 表示光流。式(10-4)也称为光流的约束方程，是所有基于梯度的光流计算方法的基础。

Horn-Schunck 算法假设光流在图像上呈现平滑的变化，将光滑性测度同加权微分约束测度组合起来建立约束条件，即图像上任意点的光流并不是独立的，而是在整个图像范围内平滑变化，在给定邻域内其速度分量平方和积分最小，满足：

$$S=\iint (u_x^2+u_y^2+v_x^2+v_y^2)\mathrm{d}x\,\mathrm{d}y \tag{10-5}$$

在实际情况下，式(10-5)可以使用下面的表达式代替：

$$E=\iint (u-\bar{u})^2+(v-\bar{v})^2\mathrm{d}x\,\mathrm{d}y \tag{10-6}$$

其中，$\bar{u}$ 和 $\bar{v}$ 分别表示像素 u 邻域和 v 邻域中的均值。

根据光流基本方程式(10-4)，结合光流误差因素，HS 算法将光流求解归结为如下极值问题：

$$F=\iint \left[(I_x u+I_y v+I_t)^2+\lambda((u-\bar{u})^2+(v-\bar{v})^2)\right]\mathrm{d}x\,\mathrm{d}y \tag{10-7}$$

其中，λ 控制平滑度，对应于图像的噪声强度。如果噪声较强，则说明图像本身的置信度较低，需要更多地依赖光流约束，进而 λ 可以取较大的值；反之，λ 可以取较小的值。对式(10-7)分别对 u 和 v 分量求导，当导数为零时该式取极值：

$$\begin{cases} 2I_x(I_x u+I_y v+I_t)+2\lambda(u-\bar{u})=0 \\ 2I_y(I_x u+I_y v+I_t)+2\lambda(v-\bar{v})=0 \end{cases} \tag{10-8}$$

采用松弛迭代方法对式(10-8)进行求解，则迭代方程为：

$$\begin{cases} u^{(k+1)}=\bar{u}^{(k)}-I_x\dfrac{I_x\bar{u}^{(k)}+I_y\bar{v}^{(k)}+I_t}{\lambda^2+I_x^2+I_y^2} \\[3mm] v^{(k+1)}=\bar{v}^{(k)}-I_y\dfrac{I_x\bar{u}^{(k)}+I_y\bar{v}^{(k)}+I_t}{\lambda^2+I_x^2+I_y^2} \end{cases} \tag{10-9}$$

在求解式(10-9)的过程中需要估算灰度在时间和空间的微分。如果下标 i、j、k 分别对应 x、y、t，则 3 个偏导数可以用一阶差分来替代，相应滤波系数为 $[-1,1;-1,1]$，可采用前后帧一阶差分结果的平均值来近似灰度对时间和空间的微分，具体如下：

$$\begin{cases} I_r = \dfrac{1}{4}(I_{i+1,j,k} + I_{i+1,j+1,k} + I_{i+1,j,k+1} + I_{i+1,j+1,k+1}) - \dfrac{1}{4}(I_{i,j,k} + I_{i,j+1,k} + I_{ij,k+1} + I_{i,j+1,k+1}) \\[2mm] I_y = \dfrac{1}{4}(I_{i,j+1,k} + I_{i+1,j+1,k} + I_{i,j+1,k+1} + I_{i+1,j+1,k+1}) - \dfrac{1}{4}(I_{i,j,k} + I_{i+1,j,k} + I_{i,j,k+1} + I_{i+1,j,k+1}) \\[2mm] I_t = \dfrac{1}{4}(I_{i,j,k+1} + I_{i+1,j,k+1} + I_{i,j+1,k+1} + I_{i+1,j+1,k+1}) - \dfrac{1}{4}(I_{i,j,k} + I_{i+1,j,k} + I_{i,j+1,k} + I_{i+1,j+1,k}) \end{cases}$$

$$(10\text{-}10)$$

因此，HS 方法是计算光流场具有设计简单、意义直观的特点，可适用于固定拍摄角度下的交通道路视频，通过视频帧图像序列的光流场变化对运动目标进行分析。本案例通过库函数 opticalFlowHS 建立 HS 光流场对象，应用于前面提到的待测视频进行车流量分析。

10.3.2　车流量计算

道路交通流量分析的主要内容就是计算指定区域内的车流量，通过设定监测范围，计算单位时间内的车辆通行信息得到车流量，进而判断道路拥堵情况并进行相应的调度决策。本案例对待测的道路交通视频计算 HS 光流场检测车辆并提取初始的候选目标，再对其通过形态学后处理方法消除噪声干扰，最终定位出车辆位置并计算车流量信息，相关的技术流程如图 10-3 所示。基于光流场的车流量分析按处理模块分为初始化、帧序分析、车流量分析三部分，设置虚拟杆线，通过光流场变化检测通过杆线的车辆位置，最终得到待测视频的车流量变化曲线。

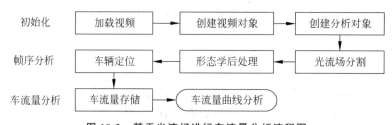

图 10-3　基于光流场进行车流量分析流程图

1. 初始化

初始化步骤主要包括加载视频、创建视频读取对象和视频分析处理对象，关键代码如下所示。

```
video_filename = 'viptraffic.avi';
% 获取视频属性
info = mmfileinfo(video_filename);
cols = info.Video.Width;
```

```
rows = info.Video.Height;
% 读取视频文件
vid = VideoReader(video_filename);
% 创建 Horn-Schunck 光流对象
hFlow = opticalFlowHS;
% 阈值计算对象-当前均值
hMean1 = vision.Mean;
% 阈值计算对象-累计平均值
hMean2 = vision.Mean('RunningMean', true);
% 均值滤波对象
hFilter = fspecial('average', [3 3]);
% 形态学滤波对象
hClose = strel('line',5,45);
hErode = strel('square',5);
% 车辆筛选对象
hBlob = vision.BlobAnalysis(...
    'CentroidOutputPort', false,...
    'AreaOutputPort', true, ...
    'BoundingBoxOutputPort', true,...
    'OutputDataType', 'double', ...
    'MinimumBlobArea', 250,...
    'MaximumBlobArea', 3600,...
    'MaximumCount', 80);
% 绘图对象
hShape1 = vision.ShapeInserter(...
    'BorderColor', 'Custom', ...
    'CustomBorderColor', [255 0 0]);
hShape2 = vision.ShapeInserter(...
    'Shape','Lines', ...
    'BorderColor', 'Custom', ...
    'CustomBorderColor', [255 255 0]);
% 虚拟杆线的位置
virtual_loc = 22;
% 输出目录
fd = fullfile(pwd, 'tmp');
if ~exist(fd, 'dir')
    mkdir(fd);
end
```

运行此段代码,可获得视频读取对象,建立了基础的视频分析对象,包括光流场计算、图像分割和形态学分析对象,并设置了虚拟杆线的位置,具体如图 10-4 所示。

2. 帧序分析

初始化步骤主要包括视频帧图像光流场计算、阈值分割和形态学后处理等内容,关键代码如下所示。

图 10-4 虚拟杆线设置

```matlab
% 显示光流矢量的像素点
[xpos,ypos] = meshgrid(1:5:cols,1:5:rows);
xpos = xpos(:); ypos = ypos(:);
locs = sub2ind([rows,cols],ypos,xpos);
k = 0;
while hasFrame(vid)
    k = k + 1;
    % 遍历读取帧序列
    img = readFrame(vid);
    % 将图像转换为灰度图
    gray = rgb2gray(img);
    %1 计算光流场矢量
    flow = estimateFlow(hFlow,gray);
    % 将光流绘制到帧图像
lines = [xpos, ypos, xpos + 20 * real(flow.Vx(locs)), ...
ypos + 20 * imag(flow.Vy(locs))];
    img_flow = step(hShape2, single(img), lines);
    %2 计算光流场幅度
    magnitude = flow.Magnitude;
    % 计算光流幅值平均值,表征速度阈值
    threshold = 1 * step(hMean2, step(hMean1, magnitude));
    % 阈值分割
    carobj = magnitude >= threshold;
    carobj = imfilter(carobj, hFilter, 'replicate');
    % 形态学后处理
    carobj = imerode(carobj, hErode);
    carobj = imclose(carobj, hClose);
    carobj(end - 5:end, :) = 0;
    carobj(:,[1:5 end - 5:end]) = 0;
    %3 连通域分析
    [area, bbox] = step(hBlob, carobj);
    % 超出虚拟栏杆
    idx = bbox(:,2) + bbox(:,4) * 0.5 > virtual_loc;
    ratio = zeros(length(idx), 1);
    ratio(idx) = single(area(idx,1))./single(bbox(idx,3). * bbox(idx,4));
    % 符合筛选条件的保留
    flag = ratio > 0.4;
    % 统计视频帧中的汽车数量
    count(k) = sum(flag);
    bbox(~flag, :) = int32(-1);
    %4 输出结果
    img_car = step(hShape1, single(img), bbox);
    img_car(virtual_loc - 1:virtual_loc + 1, :, :) = 255;
```

```
img_car = insertText(mat2gray(img_car),[1 1],...
sprintf('%d',count(k)),'TextColor','w', 'FontSize', 11);
    imwrite(mat2gray(img_flow), fullfile(fd, sprintf('%03d.png', k)));
    imwrite(mat2gray(img_car), fullfile(fd, sprintf('%03d.jpg', k)));
end
```

　　运行此段代码,可遍历处理视频的每一帧图像,计算光流场幅度并进行阈值分割,通过形态学后处理得到超过虚拟杆线的车辆位置,进而可得到车流信息。程序运行将生成帧图像的光流场分布图和车辆检测的位置图,中间结果的示例如图10-5和图10-6所示。

图 10-5　第 70 帧的光流场示意图　　　　图 10-6　第 70 帧的车辆检测示意图

　　视频帧的运动变化区域呈现出明显的光流分布,经过处理后可定位出符合条件的车辆位置并统计车辆数目。

3. 车流量分析

　　车流量分析步骤将前面统计得到的车流量数据进行绘图显示,统计车流量的分布情况,具体效果如图10-7所示。

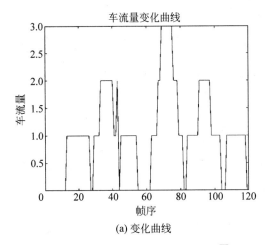

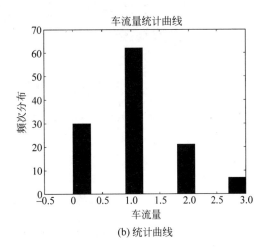

(a) 变化曲线　　　　　　　　　　　(b) 统计曲线

图 10-7　车流量数据

　　综上,通过对待测视频计算光流场并分析运动目标的变化,经形态学后处理可得到符合条件的车辆位置,进而可统计车流量信息。实验最后对车流量进行了直方图统计,读者也可以引入其他的数据分析方法,例如聚类、预测等进行交通流量分析的延伸应用。

10.4　集成应用开发

为了更好地集成对比不同步骤的处理效果,贯通整体的处理流程,本案例开发了一个 GUI 界面,集成视频加载、光流场计算、交通流量分析等关键步骤,并显示处理过程中产生的中间结果图像。其中,集成应用的界面设计如图 10-8 所示。加载视频后进行初始化操作,提取视频的基本信息并创建光流对象,应用于视频帧序列获取帧图像的光流场变化并进行形态学后处理,定位车辆目标统计车辆数目,最后完成交通流量分析。此外,应用窗体还提供了视频处理的常用操作,包括播放、暂停、停止和抓图等功能,便于进一步的功能拓展。

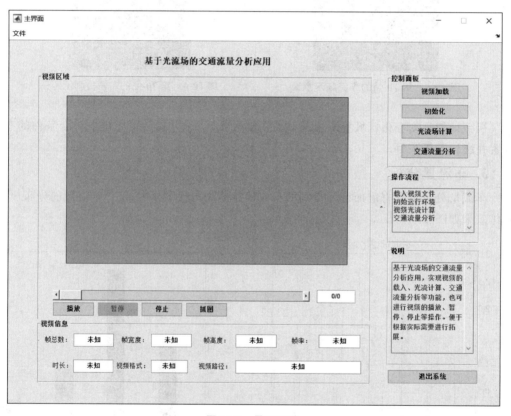

图 10-8　界面设计

为了验证处理流程的有效性,采用前面提到的测试视频进行实验,运行效果如图 10-9 和图 10-10 所示。

对待测视频计算光流场并在获取越过虚拟杆线的车辆目标,统计道路区域内的车辆数并在视频左上角显示,运行期间将记录视频帧序列的车辆数目向量,最终绘制车流量曲线,完成交通流量分析的功能。

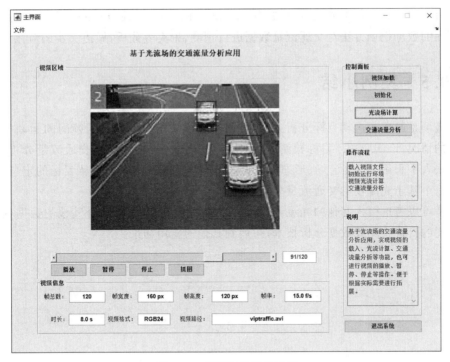

图 10-9 光流场计算效果图

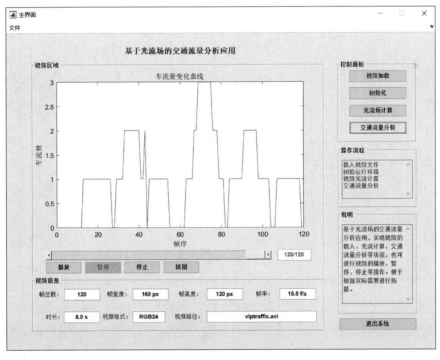

图 10-10 交通流量分析效果图

读者可以尝试其他的光流场方法,例如 Lucas-Kanade 光流、Farneback 光流等,也可以考虑不同的数据挖掘方法对交通流量数据进行预测、聚类等分析,做进一步的应用延伸。

10.5　案例小结

光流场是经典的运动目标分析方法,可明显地反映出目标在不同帧间的运动方向和运动幅度的情况,广泛应用于目标检测、视频监控等场景。本案例结合交通流量分析应用,从基础方法入手采用 HS 光流场、形态学滤波和连通域分析技术进行车辆目标的定位和统计,形成了一个基于光流场的交通流量分析应用。

读者可以考虑引入其他的光流计算及目标检测方法,也可以结合其他的数据挖掘方法构建不同的目标检测及数据分析技术,拓展到其他的应用场景。

应　用　篇

## 第 11 章

基于卷积神经网络的
手写数字识别应用

11.1 应用背景

手写数字识别是经典的图像分类识别问题,也是机器学习方法典型的应用场景之一。神经网络一般包括输入层、隐藏层和输出层等模块,可设置向量化的数据输入,并通过误差传递的方式来训练中间层神经元,获得神经网络模型。卷积神经网络(Convolutional Neural Networks,CNN)可设置矩阵形式的数据输入,从直观上保持了图像本身的结构化约束,CNN 通过局部感受野、降采样和权值共享的特性对图像特征进行多层次自动化提取和抽象,尽可能地保持图像的多尺度特征,在图像分类识别领域得到广泛的应用。

本案例选择经典的手写数字数据集,设计具有基础结构的卷积神经网络模型,分析深度学习的工作原理并训练手写数字识别模型,比较分析不同网络结构的识别效果,最终形成基于卷积神经网络的手写数字识别应用。

11.2 卷积神经网络设计

11.2.1 卷积核

CNN 卷积层引入了局部感受野(Local Receptive Fields,LPF)的概念,可从图像区域的整体出发提取不同的卷积核,并选择不同尺度卷积核对图像扫描获得不同层次的特征。例如,输入某灰度图像矩阵,采用某 5×5 大小的卷积核对图像进行扫描,将对图像的局部子区域和卷积核进行遍历计算,得到的输出就称为局部感受野,如图 11-1 所示。卷积层可通过设定维度的卷积核扫描上一层的局部特征,形成局部感受野;如果是全连接网络,则可以理解为选择与输入层具有相同维度的卷积核去扫描图像,形成全局感受野。

同时,随着卷积核维度的增加,计算规模也在增加,而且可能会引起过拟合问题,这也是在卷积核选择时需要考虑的因素。如果通过设定的步长进行扫描计算,则感受野受到卷积核维度的限制,只能反映上一层局部区域的特征。假设扫描步长为 1,从上往下、从左向右进行扫描,则按输入层维度以及卷积核大小可计算输出层的维度,如图 11-2 所示。输出层由上层局部区域和卷积核共同计算得到,如果将输出与上层局部区域建立连线,则每条连线都对应一个权重进而构成了权重矩阵,也就是常说的卷积核矩阵。

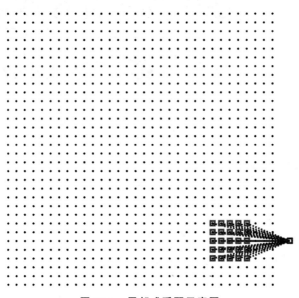

图 11-1　局部感受野示意图

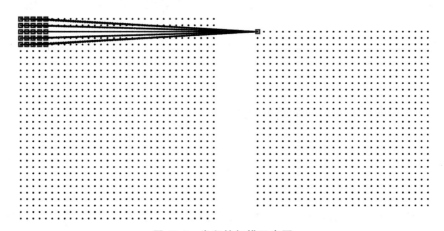

图 11-2　卷积核扫描示意图

如果将扫描过程中产生的连线对应到卷积核矩阵(Kernel),将扫描间隔对应到步长(Stride),则通过调整卷积核维数和步长参数即可对图像进行不同维度、不同尺度的特征扫描,在 CNN 模型参数中形成"记忆",进而得到鲁棒性更强的识别器。此外,如果在扫描过程中超出了图像边界,则需要对边界进行不同形式的填充(Pad),一般可以将边界外的像素设置为 0 或者直接将边界进行映射延伸,最终得到与之匹配的输出结果。

11.2.2　特征图

CNN 的网络设计过程中,可根据相邻层的输入输出来设计卷积核的维度和偏移参数,进而决定当前层的局部感受野的范围。CNN 的网络参数的初值可由随机数生成,在训练过程中根据卷积核权重矩阵进行迭代更新,该网络参数决定了下一层的特征计算结果,也称为特征图(Feature Map),如图 11-3 所示。

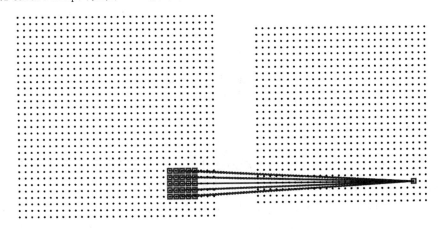

图 11-3　特征图计算示意图

选择同一个卷积核进行扫描,将输出相同维度的特征图,这在卷积计算上具有一致性也称为权值共享,包括共享卷积核及偏移量可减少计算规模,提高特征的提取效率。因此,一个卷积核能生成一个特征图,多个卷积核能生成多个特征图,且不同的卷积核能抽象出不同的特征图。对同一个图像矩阵使用 3 个卷积核进行扫描,将输出 3 个特征图,具体如图 11-4 所示。

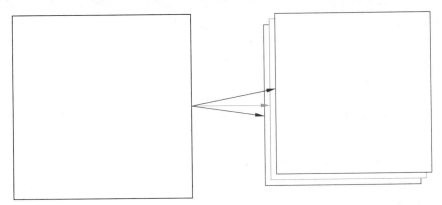

图 11-4　多个卷积核生成的特征图

CNN 输入层可将图像矩阵作为直接的输入形式,前述中对输入二维灰度图的情况进行了分析,但是现实生活中大多数是三维 RGB 彩色图,可视为输入增加了深度信息后的三维矩阵,则卷积核也需要对应增加深度信息,局部感受野同样需要结合深度信息进行计算,如图 11-5 所示。

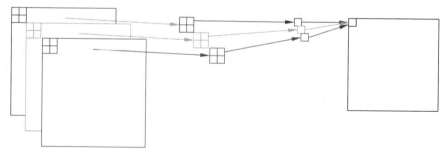

图 11-5   三维矩阵卷积计算示意图

11.2.3   池化降维

CNN 网络结构的卷积层之后一般是激活层和池化层,通过激活层可以对卷积层的输出进行非线性映射处理,提升模型的泛化能力;通过池化层可以进行不同形式的下采样,以降维的方式宏观扫描特征图,获得抽象化后的特征组合。常用的激活函数有 ReLU、Sigmoid 等,常用的池化方法有最大池化、平均池化等,在设计网络结构时可以根据实际情况进行选择。

CNN 的最后一般是全连接层和输出层,经过一系列的卷积、激活和降维等过程后得到的是维度较小且高度抽象化的特征图,此时可进行向量化以减少信息的流失,最后通过分类、回归等形式进行结果输出。

此外,随着 CNN 网络深度的不断增加,容易出现梯度消失、不收敛或过拟合的问题,对此一般通过增加 Batch Normalization、Dropout 等过程处理,达到增强特征提取能力且避免梯度弥散的效果。

11.2.4   网络定义

本实验采用经典的 MNIST 手写数字数据集进行实验,包含 0～9 这十个类别,共有 60 000 张训练图像和 10 000 张测试图像,每张图像的大小为 28×28 的灰度图像,其维度可表示为[28,28,1]即 28×28 的单通道图像。本实验采用 CNN 进行手写数字的分类识别,为了便于对不同的网络进行实验分析,选择自定义 CNN 和 AlexNet 编辑两种网络设计方式进行网络搭建。

1. 自定义 CNN

在 CNN 图像分类应用领域,深度学习工具箱提供了丰富卷积网络设计函数,以手写数字分类应用为例,主要用到的 CNN 函数如表 11-1 所示。

表 11-1　CNN 常用函数列表

名　　称	意　　义	名　　称	意　　义
imageInputLayer	图像输入层	maxPooling2dLayer	最大池化层
convolution2dLayer	卷积层	fullyConnectedLayer	全连接层
batchNormalizationLayer	正则化层	softmaxLayer	softmax 概率分布层
reluLayer	ReLU 激活层	classificationLayer	分类输出层

　　为了快速进行简单的网络设计,直接利用表 11-1 中提到的函数进行组合搭建,通过定义 get_self_cnn 函数来直接调用,关键代码如下。

```
function layers = get_self_cnn(image_size, class_number)
layers = [
    % 设置输入层
    imageInputLayer(image_size, 'Name', 'data')
    % 卷积层 1
    convolution2dLayer(3,8,'Padding','same', 'Name', 'cnn1')
    % 正则化层 1
    batchNormalizationLayer('Name', 'bn1')
    % 激活层 1
    reluLayer('Name', 'relu1')
    % 最大池化层 1
    maxPooling2dLayer(2,'Stride',2, 'Name', 'pool1')
    % 卷积层 2
    convolution2dLayer(3,16,'Padding','same', 'Name', 'cnn2')
    % 正则化层 2
    batchNormalizationLayer('Name', 'bn2')
    % 激活层 2
    reluLayer('Name', 'relu2')
    % 最大池化层 2
    maxPooling2dLayer(2,'Stride',2, 'Name', 'pool2')
    % 卷积层 3
    convolution2dLayer(3,32,'Padding','same', 'Name', 'cnn3')
    % 正则化层 3
    batchNormalizationLayer('Name', 'bn3')
    % 激活层 3
    reluLayer('Name', 'relu3')
    % 全连接层
    fullyConnectedLayer(class_number, 'Name', 'fc')
    % softmax 概率分布层
    softmaxLayer('Name', 'prob')
    % 分类输出层
    classificationLayer('Name', 'output')];
```

　　可通过输入 layers = get_self_cnn([28 28 1], 10)调用网络生成函数得到自定义网络。进一步可分析网络结构参数,并可视化绘制网络结构。

```
>> layers = get_self_cnn([28 28 1], 10);
>> analyzeNetwork(layers)
```

```
>> plot(layerGraph(layers))
```

运行后,可得到如图 11-6 所示的网络结构参数详细信息,并绘制网络结构图,具体效果如图 11-7 所示,自定义的 CNN 共包括 15 层,呈现串行的网络分布。输入层为 28×28×1 维度,输出层为 1×10 维度的类别标签。

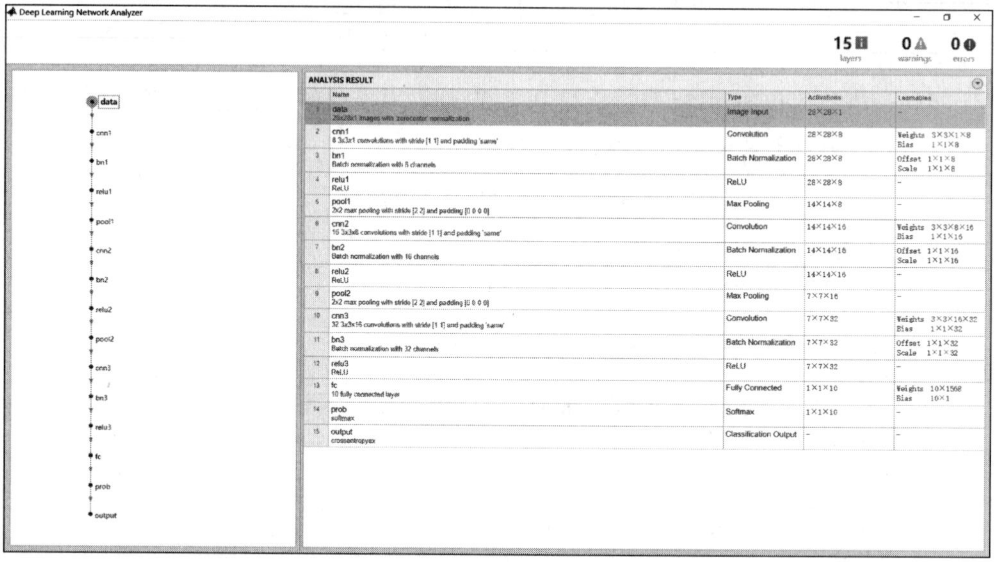

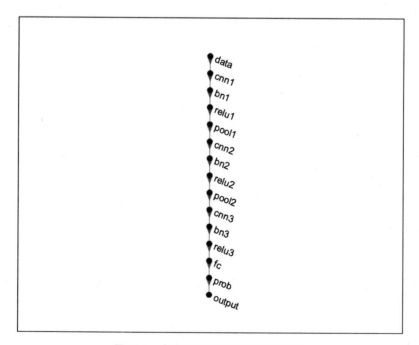

图 11-6 自定义 CNN 网络结构详细信息示意图

图 11-7 自定义 CNN 网络结构示意图

2. AlexNet 编辑

AlexNet 是经典的 CNN 模型，由著名学者 Hinton 和他的学生 Alex Krizhevsky 设计，并在 2012 年的 ImageNet 竞赛中以远超第二名的成绩取得冠军，一度掀起了深度学习的热潮。这里选择 AlexNet 进行编辑，将其应用于本次的手写数字识别。

（1）在命令行窗口输入 net = alexnet，将会加载已有的 AlexNet 网络模型；如果提示未安装此模型，可根据提示单击"Add-On Explorer"进行添加。

```
>> net = alexnet
net = SeriesNetwork - 属性:
Layers: [25 * 1 nnet.cnn.layer.Layer]
```

（2）在命令行窗口输入 deepNetworkDesigner，将会弹出的网络编辑工具，可选择加载已有网络，如图 11-8 所示。

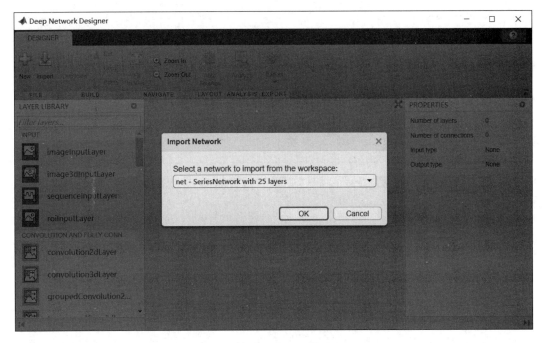

图 11-8　网络加载

如图 11-9 所示，加载已有的 AlexNet 网络后，在编辑界面左侧列出了可选择的网络模块空间，中间对网络结构进行了可视化，右侧显示了已选中网络模块的属性参数，可编辑修改名称参数但无法修改已设置好的维度参数。

已有的 AlexNet 输入层维度是[227 227 3]，输出层的分类数是 1000，明显不同于手写数字的维度和分类数，因此需要在尽可能保持网络结构的前提下进行网络编辑，使得网络与数字图像的输入和输出保持一致，具体过程如下所示。

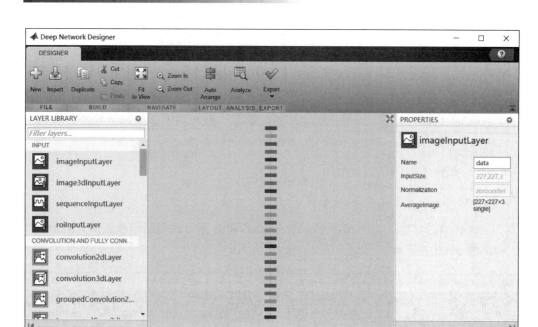

图 11-9　AlexNet 网络结构

　　第 1 步,网络编辑器加载已有网络,覆盖输入层及相邻的卷积层、覆盖全连接层及相邻的输出层,具体设置如图 11-10～图 11-13 所示。

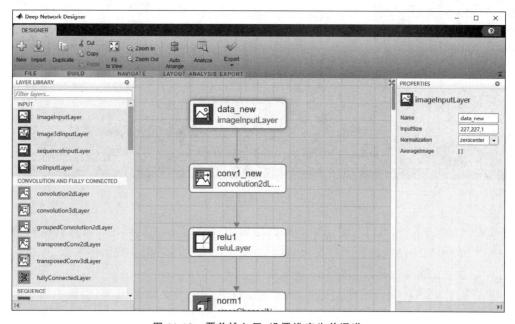

图 11-10　覆盖输入层,设置维度为单通道

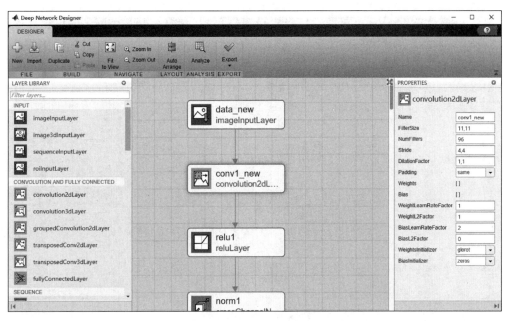

图 11-11　覆盖卷积层 1，设置卷积核参数

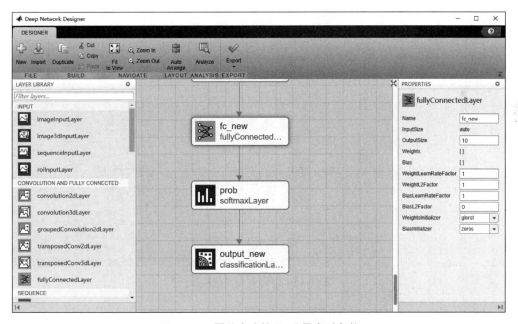

图 11-12　覆盖全连接层，设置类别参数

第 2 步，分析编辑后的 AlexNet 结构，单击 Analyze 按钮进行自动检查，具体如图 11-14 所示。

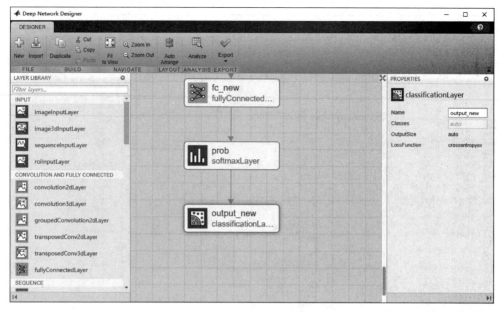

图 11-13　覆盖输出层

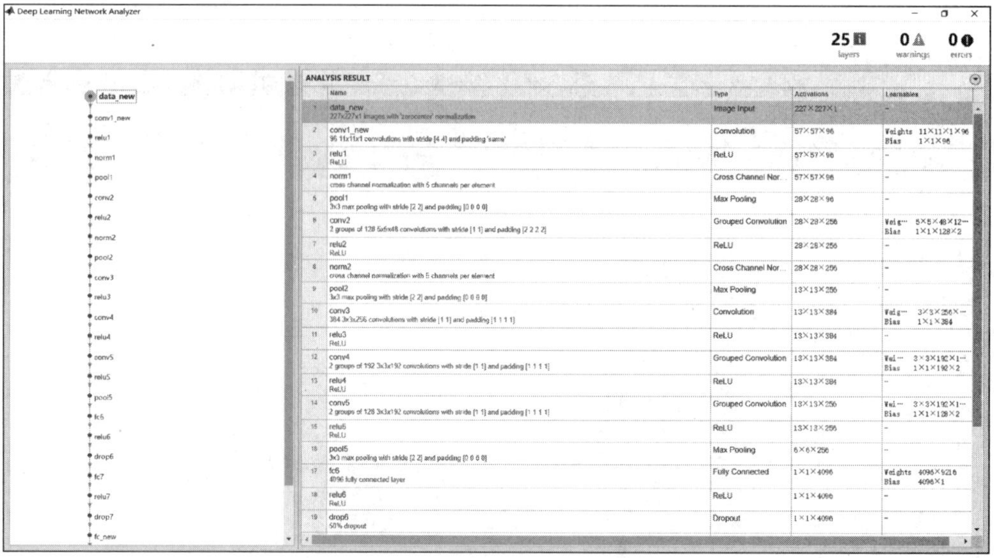

图 11-14　网络结构自动检查

第 3 步,导出网络结构,在网络编辑窗口单击 Export 按钮进行导出,如图 11-15 所示。可选择导出网络结构代码,并将其选中复制生成新的函数文件,保存为 get_alex_cnn 函数来直接调用,具体代码如图 11-16 所示。

经过如上处理步骤后,可得到编辑后的 AlexNet 模型结构。通过输入 layers ＝ get_alex_cnn 调用网络生成函数可以得到编辑后的 AlexNet 网络。进一步可分析网络结构参

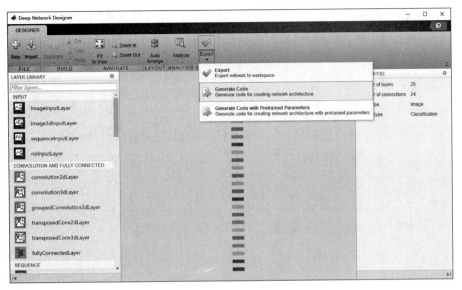

图 11-15 网络结构导出

```
Create the Array of Layers

1   layers = [
2       imageInputLayer([227 227 1],"Name","data_new")
3       convolution2dLayer([11 11],96,"Name","conv1_new","BiasLearnRateFactor",2,"Padding","same","Stride",[4 4])
4       reluLayer("Name","relu1")
5       crossChannelNormalizationLayer(5,"Name","norm1","K",1)
6       maxPooling2dLayer([3 3],"Name","pool1","Stride",[2 2])
7       groupedConvolution2dLayer([5 5],128,2,"Name","conv2","BiasLearnRateFactor",2,"Padding",[2 2 2 2])
8       reluLayer("Name","relu2")
9       crossChannelNormalizationLayer(5,"Name","norm2","K",1)
10      maxPooling2dLayer([3 3],"Name","pool2","Stride",[2 2])
11      convolution2dLayer([3 3],384,"Name","conv3","BiasLearnRateFactor",2,"Padding",[1 1 1 1])
12      reluLayer("Name","relu3")
13      groupedConvolution2dLayer([3 3],192,2,"Name","conv4","BiasLearnRateFactor",2,"Padding",[1 1 1 1])
14      reluLayer("Name","relu4")
15      groupedConvolution2dLayer([3 3],128,2,"Name","conv5","BiasLearnRateFactor",2,"Padding",[1 1 1 1])
16      reluLayer("Name","relu5")
17      maxPooling2dLayer([3 3],"Name","pool5","Stride",[2 2])
18      fullyConnectedLayer(4096,"Name","fc6","BiasLearnRateFactor",2)
19      reluLayer("Name","relu6")
20      dropoutLayer(0.5,"Name","drop6")
21      fullyConnectedLayer(4096,"Name","fc7","BiasLearnRateFactor",2)
22      reluLayer("Name","relu7")
23      dropoutLayer(0.5,"Name","drop7")
24      fullyConnectedLayer(10,"Name","fc_new")
25      softmaxLayer("Name","prob")
26      classificationLayer("Name","output_new")];

    Plot the Layers

27      plot(layerGraph(layers));
```

图 11-16 网络结构代码保存

数，并可视化绘制网络结构。

```
>> layers = get_alex_cnn;
>> analyzeNetwork(layers)
>> plot(layerGraph(layers))
```

运行后,可得到如图 11-17 所示的网络结构参数详细信息,并绘制网络结构图,具体如图 11-18 所示。AlexNet 编辑后得到的 CNN 共包括 25 层,呈现串行的网络分布。输入层为 227×227×1 维度,输出层为 1×10 维度的类别标签。

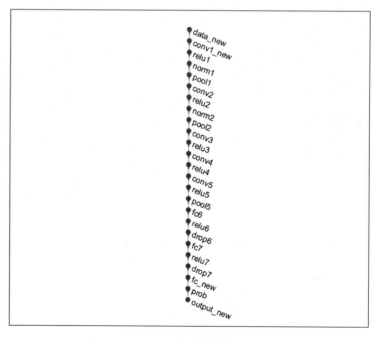

图 11-17 AlexNet 编辑后网络结构详细信息示意图

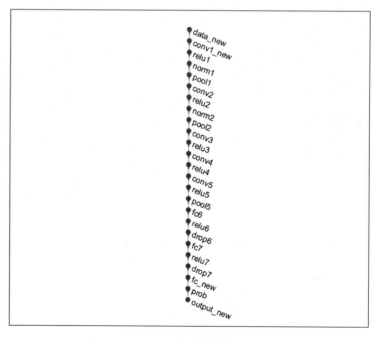

图 11-18 AlexNet 编辑后网络结构示意图

11.3　卷积神经网络训练评测

前面定义了 CNN 网络结构后,可加载对应的手写数字数据集进行网络模型的训练。这里我们采用经典的 MNIST 数据集,该数据集由著名的人工智能专家 Yann Lecun 主导创建,共有 60 000 张训练图像和 10 000 张测试图像,已成为机器学习领域的基础数据集之一。下面我们对前面设计的两个 CNN 网络通过 MNIST 数据集进行卷积神经网络的训练,主要过程如下。

11.3.1　数据集准备

可在官网 http://yann. lecun. com/exdb/mnist/下载 MNIST 数据集,如图 11-19 所示。MNIST 数据集包含 4 个文件,由 0~9 的手写数字图像和标签构成,包括训练集和测试集,主要内容如表 11-2 所示。

图 11-19　MNIST 数据集文件列表

表 11-2　MNIST 数据集文件说明

名　称	内　容
train-images-idx3-ubyte	训练集图像数据,共 60 000 张
train-labels-idx1-ubyte	训练集标签数据,共 60 000 条
t10k-images-idx3-ubyte	测试集图像数据,共 10 000 张
t10k-labels-idx1-ubyte	测试集标签数据,共 60 000 条

11.3.2　数据集解析

数据集并不是可视化的标准图像,因此需要对其进行解析并将得到图像数据按照标签信息进行存储。其中,文件解析代码如下。

```
function [X,L] = sub_read_mnist_data(image_filename,label_filename)
% 打开文件流
fid = fopen(image_filename,'r','b');
% 解析文件标志: image 2051; label 2049
magicNum = fread(fid,1,'int32',0,'b');
if magicNum == 2051
```

```matlab
        disp('读取 MNIST 图像数据');
    end
    % 读取图像数目和行列数
    num_images = fread(fid,1,'int32',0,'b');
    num_rows = fread(fid,1,'int32',0,'b');
    num_cols = fread(fid,1,'int32',0,'b');
    % 按照 uint8 读取图像数据
    X = fread(fid,inf,'unsigned char');
    % 图像重组
    X = reshape(X,num_cols,num_rows,num_images);
    X = permute(X,[2 1 3]);
    X = reshape(X,num_rows * num_cols,num_images)';
    % 关闭文件流
    fclose(fid);
    % 打开文件流
    fid = fopen(label_filename,'r','b');
    % 解析文件标志: image 2051; label 2049
    magicNum = fread(fid,1,'int32',0,'b');
    if magicNum == 2049
        disp('读取 MNIST 标签数据');
    end
    num_labels = fread(fid,1,'int32',0,'b');
    % 按照 uint8 读取标签数据
    L = fread(fid,inf,'unsigned char');
    % 关闭文件流
    fclose(fid);
```

上面的代码定义了文件解析函数,可获得图像数据矩阵和标签向量,然后将其按照标签信息进行图像存储,关键代码如下。

```matlab
function read_mnist_data(image_filename,label_filename)
% 读取图像和标签
[X,L] = sub_read_mnist_data(image_filename,label_filename);
% 初始化
num = ones(1, 10);
[~,name,~] = fileparts(image_filename);
if ~isempty(strfind(name, 'train'))
    % 训练集
    name = 'train';
else
    % 测试集
    name = 'test';
end
for i = 1 : size(X, 1)
    % 图像格式
    xi = reshape(X(i,:), 28, 28);
    % 当前文件夹
    pni = fullfile(pwd, 'db', name, sprintf('%d', L(i)));
    if ~exist(pni, 'dir')
        % 设置文件夹路径
```

```
    mkdir(pni);
end
% 设置文件
fi = fullfile(pni, sprintf('%d.jpg', num(L(i) + 1)));
imwrite(xi, fi);
% 更新文件索引
num(L(i) + 1) = num(L(i) + 1) + 1;
end
```

将上面的代码保存为函数 read_mnist_data,然后分别对训练集和测试集进行数据解析和图像存储,运行结果如图 11-20 和图 11-21 所示。训练集和测试集包括了 0～9 这 10 类手写数字图像,并且文件夹名称对应数字的类别标签信息。

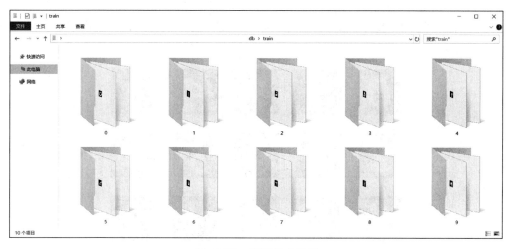

图 11-20 训练集文件夹

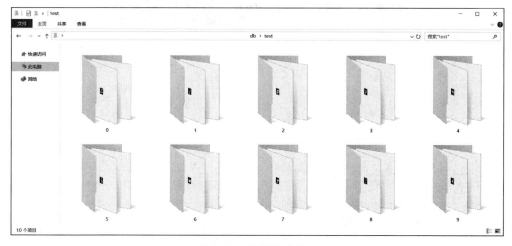

图 11-21 测试集文件夹

11.3.3　网络训练

根据前面的网络设计,包括自定义 CNN 和 AlexNet 编辑两种网络,本节进行两个网络的训练。

首先,进行数据读取,并将其拆分为训练集和验证集。

```
% 数据读取
db = imageDatastore('./db/train', ...
    'IncludeSubfolders',true,'LabelSource','foldernames');
% 拆分训练集和验证集
[db_train,db_validation] = splitEachLabel(db,0.9,'randomize');
```

运行后,可得到按比例拆分的训练集和验证集,从中读取部分样本图进行可视化,如图 11-22 所示。

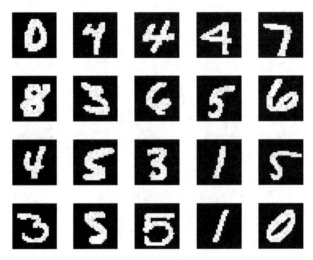

图 11-22　部分样本图像

然后,提取网络训练的通用模块,封装网络训练函数。

```
function net = train_cnn_net(layers, db_train, db_validation)
% 维数对应
inputSize = layers(1).InputSize;
db_train = augmentedImageDatastore(inputSize(1:2),db_train);
db_validation = augmentedImageDatastore(inputSize(1:2),db_validation);
% 设置参数
options_train = trainingOptions('sgdm', ...
    'MiniBatchSize',200, ...
    'MaxEpochs',10, ...
    'InitialLearnRate',1e-4, ...
    'Shuffle','every-epoch', ...
```

```
          'ValidationData',db_validation, ...
          'ValidationFrequency',10, ...
          'Verbose',false, ...
          'Plots','training - progress', ...
          'ExecutionEnvironment', 'auto');
    % 训练网络
    net = trainNetwork(db_train, layers, options_train);
```

如上定义了训练函数 train_cnn_net,设置默认的训练参数,并按照传入的网络结构、训练集和验证集进行训练,返回训练后的网络模型。

最后,定义网络并训练保存模型。

```
% 定义网络
layers_self = get_self_cnn([28 28 1], 10);
layers_alex = get_alex_cnn();
% 训练网络
net_self = train_cnn_net(layers_self, db_train, db_validation);
net_alex = train_cnn_net(layers_alex, db_train, db_validation);
% 存储网络
save net_self.mat net_self
save net_alex.mat net_alex
```

运行后,将分别进行自定义 CNN 和 AlexNet 编辑这两个网络的训练,并将训练结果保存到文件,方便加载调用。如图 11-23 和图 11-24 所示,对两个网络进行了训练和保存,可以发现数据规模相对较大的情况下的训练耗时较久,建议搭建 GPU 环境进行训练,提高训练效率。

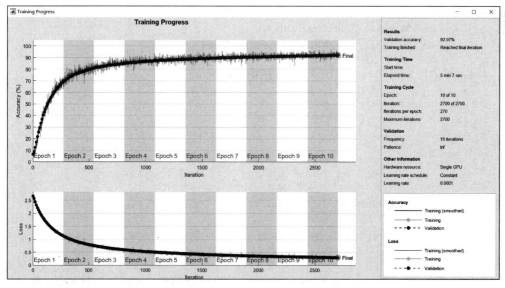

图 11-23　自定义 CNN 网络训练

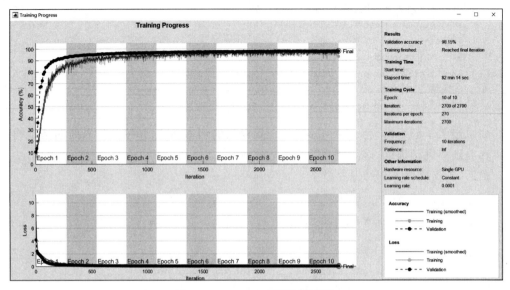

图 11-24　AlexNet 编辑网络训练

11.3.4　网络测试

网络训练完毕后,可读取前面生成的测试集并加载已存储的 CNN 模型进行网络评测,查看识别率指标。

首先,进行数据读取。

```
% 数据读取
db_test = imageDatastore('./db/test', ...
    'IncludeSubfolders',true,'LabelSource','foldernames');
```

然后,提取网络测试的通用模块,封装网络测试函数。

```
function accuracy = test_cnn_net(net, db_test)
inputSize = net.Layers(1).InputSize;
db_test_aug = augmentedImageDatastore(inputSize(1:2),db_test);
t1 = cputime;
% 评测
YPred = classify(net,db_test_aug,'ExecutionEnvironment', 'cpu');
accuracy = sum(YPred == db_test.Labels)/numel(db_test.Labels);
t2 = cputime;
fprintf('\n 测试 % d 条数据\n 耗时 = % .2f s\n 准确率 = % .2f % % ', numel(YPred), t2 - t1,
accuracy * 100);
```

如上定义了测试函数 test_cnn_net,按照传入的网络结构、测试集进行测试,返回测试得到的识别率。

最后,加载已训练模型并测试。

```
% 网络评测
load net_self.mat
accuracy_self = test_cnn_net(net_self, db_test);
load net_alex.mat
accuracy_alex = test_cnn_net(net_alex, db_test);
```

运行后,得到对自定义 CNN 和 AlexNet 编辑两种网络的评测结果,分别为 92.73%、98.29%,这也表明在同等条件下,随着网络层数的增多,识别率得到一定的提升。

11.4 集成应用开发

11.4.1 界面设计

为了更好地集成对比不同步骤的处理效果,贯通整体的处理流程,本案例开发了一个 GUI 界面,集成网络设计、模型训练和模型评测等关键步骤,并显示处理过程中产生的中间结果。其中,集成应用的界面设计如图 11-25 所示。应用界面包括训练和评测两个区域。在训练区域,可交互选择自定义 CNN 和 AlexNet 编辑两种网络,设置相关参数并加载数据后进行网络训练;在评测区域,可一键批量测试,也可进行单幅测试,比较模型的识别效果。

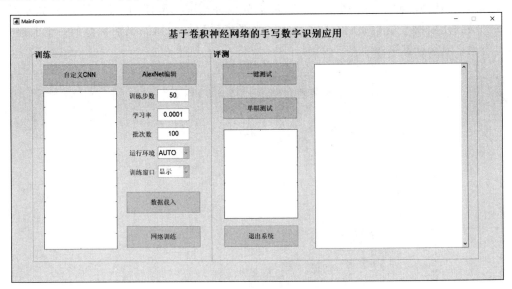

图 11-25 界面设计

考虑到 MNIST 数据集的规模和训练耗时,选择另外一个小型的手写数字数据集 DigitDataset 进行实验,具体如图 11-26 所示。文件夹 DigitDataset 内对每个数字都建立了子文件夹,各自包含 1000 幅 28×28 大小的二维灰度图像。

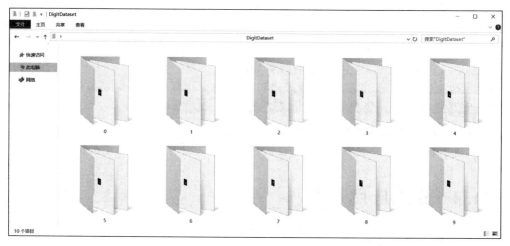

图 11-26　小型手写数字数据集 DigitDataset

11.4.2　批量评测

下面利用小型手写数字数据集 DigitDataset 对自定义 CNN 和 AlexNet 编辑两种网络进行训练和评测,具体效果分别如图 11-27 和图 11-28 所示。对小型的手写数字数据集 DigitDataset 选择两种网格模型在同等条件下分别进行了批量评测,得到的识别率分别为 77.92% 和 99.60%。这也表明在同等条件下随着网络层数的加深识别率得到一定的提升,但也带来了更多计算资源消耗。

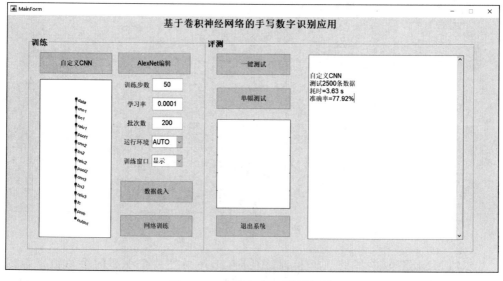

图 11-27　自定义 CNN 批量评测

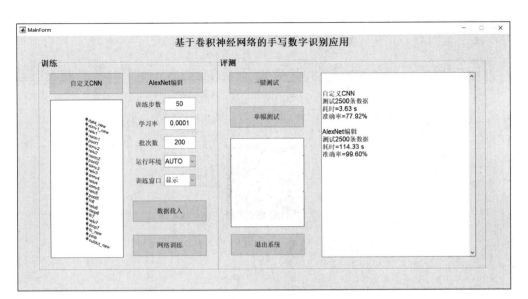

图 11-28 AlexNet 编辑批量评测

11.4.3 单例评测

为了进一步验证网络的适用性,选择数据集内的样本图像,并通过画图板模拟手绘数字草图"8",对 AlexNet 编辑的模型进行单例验证,具体效果分别如图 11-29 和图 11-30 所示。通过对单幅手写数字进行识别,依然可以得到正确的识别结果并显示到日志面板,也表明了卷积神经网络的通用性。

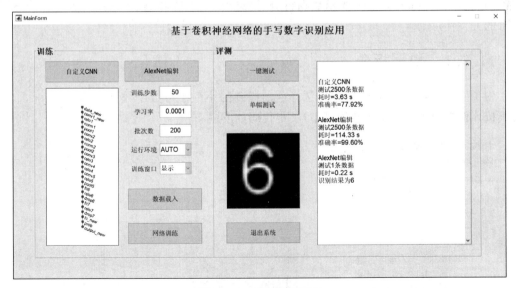

图 11-29 单幅样本评测

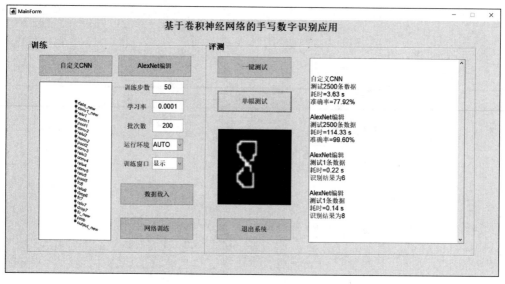

图 11-30　单幅手绘数字草图评测

11.5　TensorFlow 应用开发

近年来随着人工智能和机器学习的发展,基于 Python 的深度学习框架越来越流行,TensorFlow 是谷歌人工智能团队推出和维护的一款机器学习产品,已成为当前最主流的深度学习开源框架之一。为了方便对不同框架下进行卷积网络设计和训练评测的分析,本次实验用基础的 Python 方法来演示数据拆分、网络设计、训练和测试等过程,方便比较不同平台的开发特点。

11.5.1　数据拆分

为了便于直观地进行图像配置,选择前面提到的小型手写数字数据集 DigitDataset,并将其按比例拆分得到训练集和测试集,关键代码如下。

```
# 按比例生成训练集、测试集
def gen_db_folder(input_db):
    sub_db_list = os.listdir(input_db)
    # 训练集比例
    rate = 0.8
    # 路径检查
    train_db = './train'
    test_db = './test'
    init_folder(train_db)
    init_folder(test_db)
```

```
for sub_db in sub_db_list:
    input_dbi = input_db + '/' + sub_db + '/'
    # 目标文件夹
    train_dbi = train_db + '/' + sub_db + '/'
    test_dbi = test_db + '/' + sub_db + '/'
    mk_folder(train_dbi)
    mk_folder(test_dbi)
    # 遍历文件夹
    fs = os.listdir(input_dbi)
    random.shuffle(fs)
    le = int(len(fs) * rate)
    # 复制文件
    for f in fs[:le]:
        shutil.copy(input_dbi + f, train_dbi)
    for f in fs[le:]:
        shutil.copy(input_dbi + f, test_dbi)
```

调用函数 gen_db_folder，传入数据集文件夹目录，将生成 train 和 test 文件夹，如图 11-31 所示。对原始的 db 文件夹按比例进行拆分，得到了训练集和测试集文件夹，用于后面的网络训练和评测。

db   test   train

图 11-31 数据集拆分

11.5.2 网络训练

本实验采用基础的 TensorFlow 网络设计函数进行网络构建，通过 conv2d 卷积、max_pooling2d 池化、ReLU 激活和 dense 全连接等模块进行网格设计，关键代码如下。

```
# 定义 CNN
def make_cnn():
    input_x = tf.reshape(X, shape = [ - 1, IMAGE_HEIGHT, IMAGE_WIDTH, 1])
    # 第一层结构
    # 使用 conv2d
    conv1 = tf.layers.conv2d(
        inputs = input_x,
        filters = 32,
```

```
        kernel_size = [5, 5],
        strides = 1,
        padding = 'same',
        activation = tf.nn.relu
    )
    # 使用 max_pooling2d
    pool1 = tf.layers.max_pooling2d(
        inputs = conv1,
        pool_size = [2, 2],
        strides = 2
    )
    # 第二层结构
    # 使用 conv2d
    conv2 = tf.layers.conv2d(
        inputs = pool1,
        filters = 32,
        kernel_size = [5, 5],
        strides = 1,
        padding = 'same',
        activation = tf.nn.relu
    )
    # 使用 max_pooling2d
    pool2 = tf.layers.max_pooling2d(
        inputs = conv2,
        pool_size = [2, 2],
        strides = 2
    )
    # 全连接层
    flat = tf.reshape(pool2, [-1, 7 * 7 * 32])
    dense = tf.layers.dense(
        inputs = flat,
        units = 1024,
        activation = tf.nn.relu
    )
    # 使用 dropout
    dropout = tf.layers.dropout(
        inputs = dense,
        rate = 0.5
    )
    # 输出层
    output_y = tf.layers.dense(
        inputs = dropout,
        units = MAX_VEC_LENGHT
    )
    return output_y
```

基于 TensorFlow 定义一个简单的 CNN 网络结构，包括 2 个卷积层、1 个全连接层。下面加载数据进行模型训练和存储,关键代码如下。

```
with tf.Session(config = config) as sess:
    sess.run(tf.global_variables_initializer())
    step = 0
    while step < max_step:
        batch_x, batch_y = get_next_batch(64)
        _, loss_ = sess.run([optimizer, loss], feed_dict = {X: batch_x, Y: batch_y})
        # 每100 step计算一次准确率
        if step % 100 == 0:
            batch_x_test, batch_y_test = get_next_batch(100, all_test_files)
            acc = sess.run(accuracy, feed_dict = {X: batch_x_test, Y: batch_y_test})
            print('第' + str(step) + '步,准确率为', acc)
        step += 1
    # 保存
    split_data.mk_folder('./models')
    saver.save(sess, './models/cnn_tf.model', global_step = step)
```

运行后将在 models 文件夹下自动保存当前的模型参数,便于后面进行的网络评测,如图 11-32 所示。将训练后的模型参数保存到 models 文件夹,可在后面的模型评测过程中进行加载调用。

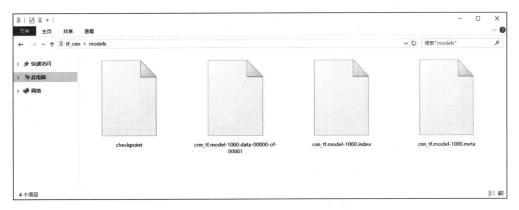

图 11-32　保存的 TensorFlow 模型文件

11.5.3　网络测试

训练完毕后,可加载已保存的模型文件,并通过选择手写数字图像进行网络测试,这里依然从基础的 TensorFlow 函数出发进行处理,关键代码如下。

```
# 加载模型并识别
def sess_ocr(im):
    output = make_cnn()
```

```
        saver = tf.train.Saver()
        with tf.Session() as sess:
            # 复原模型
            saver.restore(sess, tf.train.latest_checkpoint('./models'))
            predict = tf.argmax(tf.reshape(output, [-1, 1, MAX_VEC_LENGHT]), 2)
            text_list = sess.run(predict, feed_dict = {X: [im]})
            text = text_list[0]
        return text
# 入口函数
def ocr_handle(filename):
    image = get_image(filename)
    image = image.flatten() / 255
    return sess_ocr(image)
```

如上代码片段提供了对网络模型进行加载、输入文件名进行识别的入口函数,下面将进行基于 Python 的 GUI 搭建,方便进行交互式的验证识别。

11.5.4　应用界面

为了方便进行验证,基于 Python 的 tkinter 可视化工具包设计简单的 GUI 进行交互式操作,关键代码如下。

```
# 加载文件
def choosepic():
    path_ = askopenfilename()
    if len(path_) < 1:
        return
    path.set(path_)
    global now_img
    now_img = file_entry.get()
    # 读取并显示
    img_open = Image.open(file_entry.get())
    img_open = img_open.resize((360, 270))
    img = ImageTk.PhotoImage(img_open)
    image_label.config(image = img)
    image_label.image = img
# 按钮回调函数
def btn():
    global now_img
    res = test_tf.ocr_handle(now_img)
    tkinter.messagebox.showinfo('提示', '识别结果是: %s' % res)
```

基于上述代码设计了 GUI 窗体,运行后将弹出应用界面,提供"选择图像""CNN 识别"按钮,如图 11-33 所示。

单击"选择图像"按钮,读取测试图像并进行 CNN 识别,程序会自动加载已保存的

图 11-33 Python 应用界面

TensorFlow 模型进行识别并弹窗显示结果,具体如图 11-34 所示。选择某待测手写数字图像进行 CNN 识别,可获得正确的识别结果。

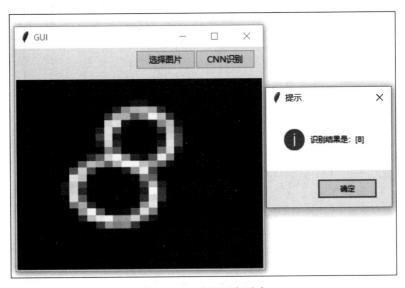

图 11-34 单例图像测试

11.6 案例小结

本次实验是一个基础的分类识别应用,通过采用 MATLAB 来自定义 CNN、AlexNet 编辑的方式进行网络结构设计,并与 TensorFlow 基础的网络定义方式进行了比较。虽然

MATLAB 训练耗时相比于 TensorFlow 比较长,但通过 MATLAB 的交互设计器进行网络结构编辑相对较为方便,比较适合初学者进行练习,而且能快速显示中间结果进而可方便开发调试,这对于前期的算法设计也是非常关键的辅助功能。

通过实验评测过程可以发现,采用 CNN 模型进行手写数字的分类识别具有一定的通用性,特别是对新增的手绘数字草图也能正确识别,这也反映出 CNN 强大的特征提取和抽象化能力。读者可以通过自行设计或选择其他的网络、加载其他的数据等方式进行实验的延伸。

## 第 12 章

基于视觉大数据检索的图搜图应用

12.1　应用背景

随着信息技术的不断发展,图像、视频和音频等多媒体数据呈现出爆炸式的增长,已经成为人们日常生活的主要信息来源,例如流行的短视频、朋友圈信息和语音消息等,使得人们的交流已不再限于文字,而是直接使用图文、视频和语音进行信息发布,更加具有直观性,也构成规模快速增长的视觉大数据。但是,图像、视频等是典型的非结构化数据,难以在海量的多媒体数据中快速定位到所要查询的数据,这也进一步推动了以图搜图应用的研究。

数字图像的浅层特征与深层语义之间存在明显的"语义鸿沟",难以利用图像的像素内容直接进行图像检索,因此需要建立图像的浅层特征与深层语义之间的有效联系。深度学习技术可以通过对视觉大数据进行自适应学习,"记忆"并"抽象"图像特征,获得浅层特征与深层语义之间的权重参数,进而实现分类识别、目标检测等实际应用。以图搜图一般指对待检索图像获取特征描述,与已构建的图像索引进行对比,按相似度从高到低进行排序返回,进而实现所见即所想式的直观检索。目前已有多个以图搜图的实际应用,例如百度识图、以图搜衣、以图搜车等。

本案例选择经典的深度学习模型进行网络结构分析,激活模型中间层特征图并进行可视化呈现,分析深度学习的工作原理并选择指定的特征层作为图像的特征描述,最终选择典型数据集实现以图搜图的集成应用。

12.2　视觉特征提取

12.2.1　CNN 模型选择

卷积神经网络(Convolutional Neural Network,CNN)是经典的机器学习模型之一,最早应用于解决图像分类问题。著名学者 Yann LeCun 在 20 世纪 80 年代就已设计 CNN 模型 LeNet 应用于手写数字的分类训练,并将其应用于支票上的手写数字识别,达到了商用效果。之后,人们对 CNN 分类识别应用进行不断的探索,但受限于软硬件算力及样本数据的规模,训练 CNN 模型往往需要较高的成本投入并且经常面临过拟合风险,CNN 的进展也相对缓慢。近年来,随着计算机硬件特别是 GPU、TPU 等设备的不断发展使得硬件算力大幅提升,同时物联网和大数据技术的广泛应用也促进了数据规模的增长,因此 CNN 得以用更深的网络去训练更多的数据,进而实现可落地的应用,反过来也进一步推动了 CNN 的发展。更多的研究人员开始利用深度学习来解决大数据应用中的分类、回归等基础问题。其中,著名学者 Alex Krizhevsky 设计了深度神经网络 AlexNet,将其应用于图像大数据(ImageNet)进行训练并大幅度提升了识别率,之后出现的 VGGNet、GoogLeNet、ResNet 等经典的网络模型在网络层数上越来越深并在识别效果上取得了明显的改进,甚至超出了人类的识别率。这表明深度结构在特征提取方面具有更强的抽象能力与普适性,CNN 作为一种经典的深度网络结构,在结构设计、训练调参、模型应用等方面具有天然的大数据特性,也被人们进一步研究和应用。

本案例选择经典的 AlexNet、VGGNet 和 GoogLeNet 进行分析,激活中间层获取特征向量,并将其应用于图像检索。

1. AlexNet

2012 年可以视作深度学习崛起的元年,Alex Krizhevsky 设计 AlexNet 并将其应用于 ImageNet 竞赛,在 Top-5 评测中的错误率为 15.3%,而第二名传统方法的错误率为 26.2%,最终 AlexNet 以明显的优势赢得了冠军,这在当时引起了轰动,并掀起了深度学习的热潮。下面加载 AlexNet 模型并绘制其网络结构,代码如下。

```
% 加载模型
net = alexnet;
% 模型分析
analyzeNetwork(net)
% 绘制结构
plot(layerGraph(net.Layers))
```

运行此段代码,可获得如图 12-1 所示的 AlexNet 模型,绘制其网络结构,具体如图 12-2 所示。AlexNet 共包括 25 层,呈现串行的网络分布。AlexNet 输入层为 $227 \times 227 \times 3$ 维度,输出层为 1×1000 维度的类别标签。

2. VGGNet

2014 年牛津大学计算机视觉组(Visual Geometry Group,VGG)与 DeepMind 公司合作推出了 VGGNet 深度卷积神经网络模型,将其应用于 ImageNet 竞赛,获得分类项目的亚军和定位项目的冠军,在 Top-5 评测中的错误率为 7.5%。VGGNet 在 AlexNet 基础上做了改进,基于 3×3 的小型卷积核和 2×2 的最大池化层构建了 16～19 层的卷积神经网络,典型的有 VGG16、VGG19 网络结构。VGGNet 结构简洁,具有更强的特征学习能力,易于与

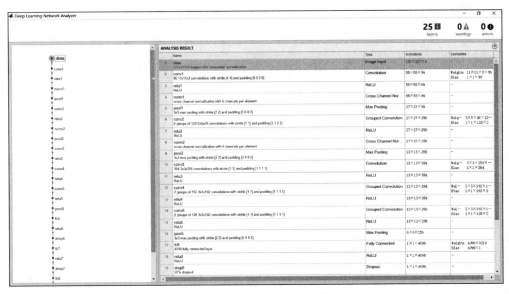

图 12-1　AlexNet 模型结构详情

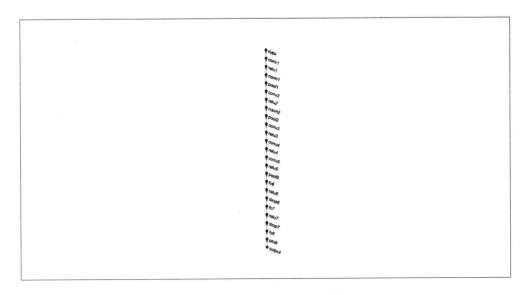

图 12-2　AlexNet 模型结构图示

其他网络结构进行融合,广泛应用于图像的特征提取模块。下面加载 VGG19 模型并绘制其网络结构,代码如下。

```
% 加载模型
net = vgg19;
% 模型分析
```

```
analyzeNetwork(net)
% 绘制结构
plot(layerGraph(net.Layers))
```

运行此段代码,可获得 VGGNet 模型并绘制其网络结构,具体如图 12-3 和图 12-4 所示。VGGNet 共包括 47 层,呈现串行的网络分布。VGGNet 输入层为 224×224×3 维度,输出层为 1×1000 维度的类别标签。

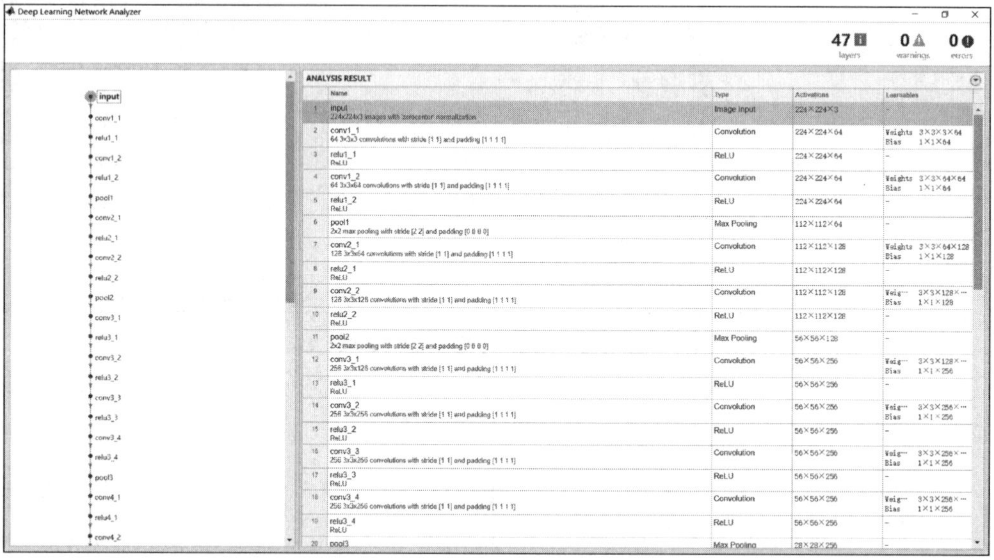

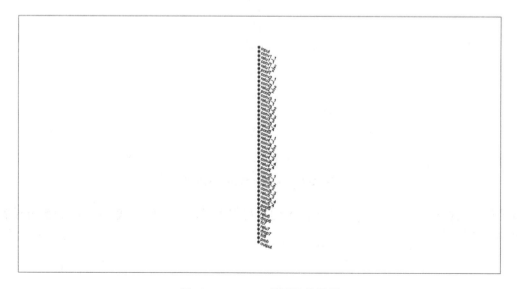

图 12-3　VGGNet 模型结构详情

图 12-4　VGGNet 模型结构图示

3. GoogLeNet

2014 年 Google 推出了基于 Inception 模块的深度卷积神经网络模型,将其应用于 ImageNet 竞赛,获得分类项目的冠军,在 Top-5 评测中的错误率为 6.67%。GoogLeNet 的命名源自 Google 和经典的 LeNet 模型,通过 Inception 模块增强卷积的特征提取功能,在增加网络深度和宽度的同时减少参数。GoogLeNet 设计团队在其初始版本取得 ImageNet 竞赛冠军后,又对其进行了一系列的改进,形成了 Inception V2、Inception V3、Inception V4 等版本。下面加载原始的 GoogLeNet 模型并绘制其网络结构,代码如下。

```
% 加载模型
net = googlenet;
% 模型分析
analyzeNetwork(net)
% 绘制结构
plot(layerGraph(net))
```

运行此段代码,可获得 GoogLeNet 模型并绘制其网络结构,具体如图 12-5 和图 12-6 所示。GoogLeNet 共包括 144 层,呈现多分支的网络分布。GoogLeNet 输入层为 224×224×3 维度,输出层为 1×1000 维度的类别标签。

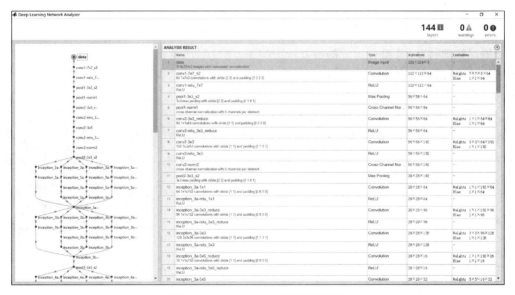

图 12-5 GoogLeNet 模型结构详情

综上所述,对 AlexNet、VGGNet 和 GoogLeNet 这三个经典的 CNN 模型进行了调用和可视化分析,可以发现这三个模型对应的输出层都是 1×1000 维度的类别标签,这也是为了对应 ImageNet 竞赛的类别列表。

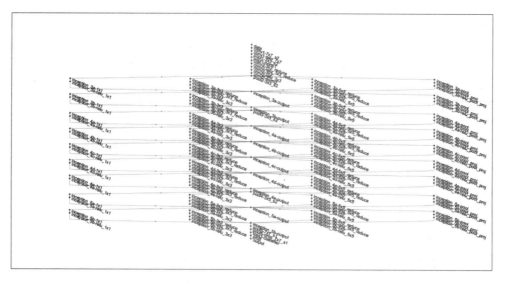

图 12-6　GoogLeNet 模型结构图示

12.2.2　CNN 深度特征

　　CNN 一般采用卷积层与采样层的交叉设计,通过对大规模的图像数据进行训练,提取出不同层次的特征,并组合得到的抽象后的特征,形成对图像的卷积特征描述,更好地反映出图像的内容特性。CNN 的典型应用包括字符识别、动植物识别和人脸识别等,其中人脸识别已广泛应用于人们的现实生活,例如人脸门禁、刷脸支付等,都是将人脸作为唯一性的生物特征进行安全性验证。为了探讨深度神经网络特征计算的有效性,我们选择人脸图像和经典的 AlexNet 模型,将人脸图像输入到 AlexNet 模型,激活并呈现模型的 conv 层、ReLU 层并绘制相应的特征图。

图 12-7　待测人脸图像

　　(1) 加载模型,读取人脸图像并进行维度对应。运行后,得到人脸图像如图 12-7 所示。

```
% 加载模型
net = alexnet;
% 加载数据
im = imread('./face.png');
% 维度对应
input_size = net.Layers(1).InputSize;
im = imresize(im, input_size(1:2), 'bilinear');
```

　　(2) 激活 conv1 层,按照卷积核的个数进行维数转换,并进行可视化。运行后,得到特征图如图 12-8 所示。conv1 特征图呈现不同视角的梯度化特性,较为清晰地反映出图像的内容,为了分析更为抽象的特征,尝试对其他的卷积层进行激活并可视化。

```
% 激活 conv1
im_conv1 = activations(net, im, 'conv1');
sz = size(im_conv1);
im_conv1 = reshape(im_conv1, [sz(1) sz(2) 1 sz(3)]);
figure; montage(mat2gray(im_conv1), 'size', [8 12]);
title('conv1 特征图');
```

图 12-8　conv1 特征图

（3）激活 conv5 层，按照卷积核的个数进行维数转换，并进行可视化。运行后，得到特征图如图 12-9 所示。conv5 特征图呈现出更为抽象的特征。由此可见，AlexNet 的卷积层从不同的尺度对图像进行特征提取和抽象结构化，以尽可能保持图像的全局特征。

图 12-9　conv5 特征图

```
im_conv5 = activations(net,im,'conv5');
sz = size(im_conv5);
im_conv5 = reshape(im_conv5,[sz(1) sz(2) 1 sz(3)]);
figure; montage(mat2gray(im_conv5), 'size', [16 16]);
title('conv5 特征图');
```

（4）激活 relu5 层，按照卷积核的个数进行维数转换，并进行可视化。运行后，得到特征图如图 12-10 所示。relu5 特征图呈现出池化后的黑白特征，并且部分图像能对应到人脸的特点。

```
% 激活 relu5
im_conv5_relu = activations(net,im,'relu5');
sz = size(im_conv5_relu);
im_conv5_relu = reshape(im_conv5_relu,[sz(1) sz(2) 1 sz(3)]);
figure; montage(mat2gray(im_conv5_relu), 'size', [16 16]);
title('relu5 特征图');
```

图 12-10　relu5 特征图

下面选择第 3、22 分量进行突出显示。运行后，得到特征图如图 12-11 所示。relu5 的部分特征子图可对应到人脸的特点，对整体的人脸区域进行匹配响应，这也是 CNN 模型对图像深度特征进行抽象化处理的表现。

```
figure; montage(mat2gray(im_conv5_relu(:,:,:,[3 22])));
title('激活层特征子图');
```

综上所述，通过对输入图像和 CNN 模型的中间层激活，我们可以对模型中间层的处理

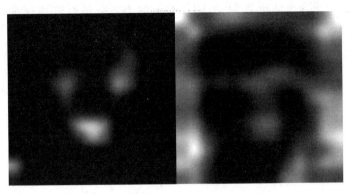

图 12-11 relu5 特征子图

过程进行可视化分析,这也增加了 CNN 模型的可解释性。从实验效果图可以发现,CNN 模型通过一系列的特征提取和抽象化处理,可以将输入图像的关键特征保留并抽象化,这也正是深度学习进行分类识别的优势所在。

12.3 视觉特征索引

本节利用前面提到的 AlexNet、VGGNet 和 GoogLeNet 模型,结合中间层激活方法对设定层通过激活来获取特征向量,三个模型的选取规则如下。

(1) 如图 12-12 所示,可选择激活 AlexNet 的 fc7 层并提取特征向量,返回维度为 1×4096。

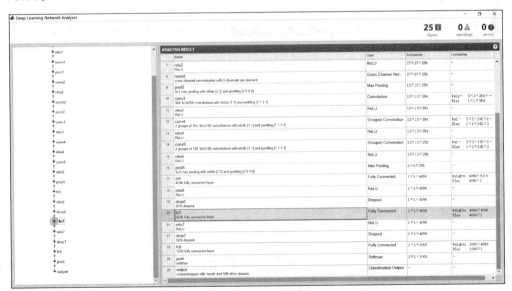

图 12-12 AlexNet 网络结构

（2）如图 12-13 所示，可选择激活 VGGNet 的 fc7 层并提取特征向量，返回维度为 1×4096。

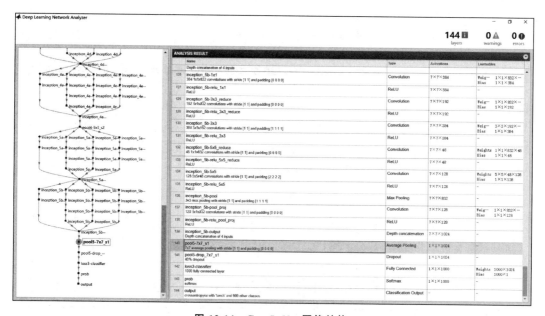

图 12-13　VGGNet 网络结构

（3）如图 12-14 所示，可选择激活 GoogLeNet 的 pool5-drop_7x7_s1 层并提取特征向量，返回维度为 1×1024。

图 12-14　GoogLeNet 网络结构

综上所述,可对输入图像按照 CNN 模型的网络输入层大小进行维度对应,再对设定层的特征进行激活和输出,得到相应的特征向量。为方便进行处理,可将其封装为特征提取函数,关键代码如下。

```
function vec = get_cnn_vec(net, layer, im)
% 计算图像在 cnn 中间层的激活特征
% 图像维度对应
im2 = augmentedImageDatastore(net.Layers(1).InputSize(1:2),im);
% 激活指定层的特征
vec = activations(net,im2,layer,'OutputAs','rows');
```

本案例选择 TensorFlow 提供的 flower_photos 花卉数据集进行分析,提供了 5 类花卉图像,共有 3670 幅 JPG 格式的图像,如图 12-15 所示。

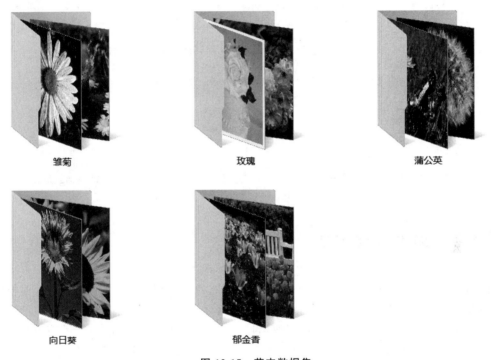

雏菊 玫瑰 蒲公英

向日葵 郁金香

图 12-15 花卉数据集

如图 12-15 所示,共 5 个子文件夹分别对应了 5 类花卉,可利用前面封装的特征提取函数 get_cnn_vec,遍历这些花卉图像提取 AlexNet、VGGNet 和 GoogLeNet 三种激活特征,关键代码如下。

```
% 设置 CNN 模型
net_alexnet = alexnet; layer_alexnet = 'fc7';
net_vggnet = vgg19; layer_vggnet = 'fc7';
net_googlenet = googlenet; layer_googlenet = 'pool5 - drop_7x7_s1';
% 数据集
```

```
db = fullfile(pwd, 'db');
sub_dbs = dir(db);
hs = [];
% 遍历读取
for i = 1 : length(sub_dbs)
    if ~(sub_dbs(i).isdir && ~isequal(sub_dbs(i).name, '.') && ...
~isequal(sub_dbs(i).name, '..'))
        % 如果不是有效目录
        continue;
    end
    % 图像文件列表
    files_i = ls(fullfile(sub_dbs(i).folder, sub_dbs(i).name, '*.jpg'));
    % 获取训练集和测试集
    for j = 1 : size(files_i, 1)
        % 读取当前图像
        h.fi = fullfile('db', sub_dbs(i).name, strtrim(files_i(j,:)))
        img = imread(h.fi);
        % 提取 CNN 特征
        h.vec_alexnet = get_cnn_vec(net_alexnet, layer_alexnet, img);
        h.vec_vggnet = get_cnn_vec(net_vggnet, layer_vggnet, img);
        h.vec_googlenet = get_cnn_vec(net_googlenet, layer_googlenet, img);
        % 存储
        hs = [hs; h];
    end
end
save db.mat hs
```

运行此段代码,将对数据集进行遍历,分别提取 AlexNet、VGGNet 和 GoogLeNet 三种激活特征并存储,得到视觉特征索引文件。

12.4　视觉搜索引擎

视觉搜索的关键步骤是判断待搜索图像与已知图像的相似性,按设定的规则返回排序后的图像列表。视觉特征索引由图像特征向量构成,而图像间的相似性可由特征向量之间的距离进行度量,因此可选择不同的向量距离计算方法来分析图像的相似性,进而得到视觉搜索结果。本案例选择经典的余弦距离、闵可夫斯基距离和马氏距离进行分析,主要内容如下。

1. 余弦距离

余弦距离(Cosine Distance),也称为余弦相似度。该距离方法计算两个向量之间夹角的余弦值,将其用于度量两向量之间的差异程度,距离越小表示两个向量越相近。余弦距离以向量夹角作为计算依据,所以向量在方向上的差异影响比较大,但是对向量的绝对值大小并不敏感。假设输入向量为 x_i、x_j,则余弦距离计算公式为:

$$d_{ij} = \cos(x_i, x_j) = \frac{x_i \cdot x_j}{\| x_i \| \cdot \| x_j \|} \tag{12-1}$$

2. 闵可夫斯基距离

闵可夫斯基距离（Minkowsky Distance）也称为闵氏距离。该距离方法计算两个向量之间差值的 L_p 范数，将其用于度量两向量之间的差异程度，距离越小表示两个向量越相近。余弦距离以向量范数作为计算依据，具有较强的直观性，但对向量的内在分布特性不敏感，具有一定的局限性。假设输入向量为 $\boldsymbol{x}_i$、$\boldsymbol{x}_j$，维度为 n，则闵可夫斯基距离计算公式为：

$$d_{ij} = L_p(\boldsymbol{x}_i, \boldsymbol{x}_j) = \left[\sum_{k=1}^{n} |x_i^k - x_j^k|^p \right]^{\frac{1}{p}} \tag{12-2}$$

当 $p=1$ 时，称为城区（City-block distance）距离，公式如下：

$$d_{ij} = L_1(\boldsymbol{x}_i, \boldsymbol{x}_j) = \sum_{k=1}^{n} |x_i^k - x_j^k| \tag{12-3}$$

当 $p=2$ 时，称为欧氏距离（Euclidean distance），公式如下：

$$d_{ij} = L_2(\boldsymbol{x}_i, \boldsymbol{x}_j) = \sqrt{\sum_{k=1}^{n} |x_i^k - x_j^k|^2} \tag{12-4}$$

当 $p \to \infty$ 时，称为切比雪夫距离（Chebychv distance），公式如下：

$$d_{ij} = L_\infty(\boldsymbol{x}_i, \boldsymbol{x}_j) = \max_{k=1}^{n} |x_i^k - x_j^k| \tag{12-5}$$

3. 马氏距离

马氏距离（Mahalanobis Distance）也称为二次式距离。该距离方法计算两个向量之间的分离程度，距离越小表示两个向量越相近。马氏距离可视作对欧氏距离的一种修正，能够兼容处理各分量间尺度不一致且相关的情况。假设输入向量为 $\boldsymbol{x}_i, \boldsymbol{x}_j$，维度为 n，则马氏距离计算公式为：

$$d_{ij} = \sqrt{(\boldsymbol{x}_i - \boldsymbol{x}_j)^{\mathrm{T}} \boldsymbol{S}^{-1} (\boldsymbol{x}_i - \boldsymbol{x}_j)} \tag{12-6}$$

其中，$\boldsymbol{S}$ 为多维随机变量的协方差矩阵，可以发现如果 $\boldsymbol{S}$ 为单位矩阵，则马氏距离就变成了欧氏距离。

综上所述，在计算向量相似性度量时，可选择不同的距离计算方法，需结合实际情况进行充分考虑。特征提取过程中得到了 AlexNet、VGGNet 和 GoogLeNet 三种特征向量，可选择计算余弦距离并加权融合的方法进行处理，关键步骤和代码如下。

（1）设置待检索的特征向量和权重。

```
function ind_dis_sort = get_search_result(vec_alex, vec_vggnet, ...
vec_googlenet, rate)
if nargin < 4
    % 默认权重
    rate = [1/3 1/3 1/3];
end
```

（2）加载特征索引对象。

```
load db.mat
```

```
% 特征
vec_alexnet_list = cat(1, hs.vec_alexnet);
vec_vggnet_list = cat(1, hs.vec_vggnet);
vec_googlenet_list = cat(1, hs.vec_googlenet);
```

（3）计算 AlexNet 特征的余弦相似度。

```
% 计算 alexnet 相似度
dis_alexnet = 0;
if isequal(vec_alex, 0)
else
    % 余弦距离
    dis_alexnet = pdist2(vec_alex, vec_alexnet_list, 'cosine');
end
```

（4）计算 VGGNet 特征的余弦相似度。

```
% 计算 vggnet 相似度
dis_vggnet = 0;
if isequal(vec_vggnet, 0)
else
    % 余弦距离
    dis_vggnet = pdist2(vec_vggnet, vec_vggnet_list, 'cosine');
end
```

（5）计算 GoogLeNet 特征的余弦相似度。

```
% 计算 googlenet 相似度
dis_googlenet = 0;
if isequal(vec_googlenet, 0)
else
    % 余弦距离
    dis_googlenet = pdist2(vec_googlenet, vec_googlenet_list, 'cosine');
end
```

（6）计算融合特征并返回相似度排序结果。

```
% 按比例加权融合
dis = rate(1) * mat2gray(dis_alexnet) + rate(2) * mat2gray(dis_vggnet) + rate(3) * mat2gray
(dis_googlenet);
% 相似度排序
[~, ind_dis_sort] = sort(dis);
```

将以上代码保存为函数 get_search_result.m，可传入待检索图像的 AlexNet、VGGNet 和 GoogLeNet 特征并设置对应的特征权重，按照余弦距离计算后可返回相似度排序结果。

12.5　集成应用开发

为了更好地集成对比不同步骤的处理效果，贯通整体的处理流程，本案例开发了一个 GUI 界面，集成图像加载、深度特征提取、权值配置、图像检索及呈现等关键步骤，并显示处理过程中产生的中间结果图像。其中,集成应用的界面设计如图 12-16 所示。应用整体包括图像显示区、功能控制区。单击"加载图像索引库"按钮可读取已有的特征索引库;单击"载入待检索图像"按钮可弹出文件选择对话框,可选择待处理图像并显示到上方的独立窗口;AlexNet 特征、VGGNet 特征和 GoogLeNet 特征按钮可分别提取三个 CNN 特征;以图搜图按钮将按照设置的权重进行检索并将返回结果列表在右侧区域进行显示。

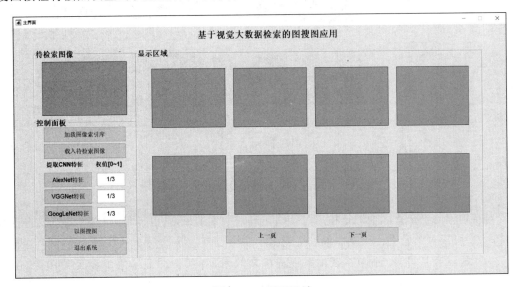

图 12-16　界面设计

为了验证处理流程的有效性,选择某测试图像进行实验,具体效果如图 12-17 和图 12-18所示。

图 12-17　检索结果第 1 页

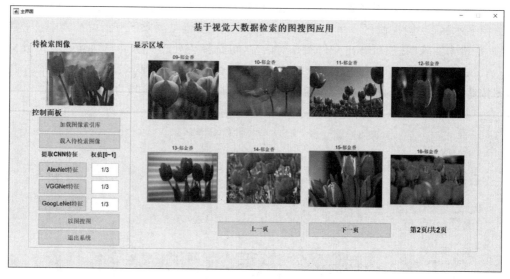

图 12-18　检索结果第 2 页

对待检索的郁金香图像进行检索可获得正确的检索结果，这也表明了 CNN 特征具有良好的普适性，可以对图像进行深度抽象以得到匹配的特征表达，并能得到较为准确的检索结果。

为了验证不同图像、不同参数配置下的检索效果，对互联网上采集的蒲公英图像、手绘的模拟图像进行 CNN 特征提取及图像检索，运行效果分别如图 12-19 和图 12-20 所示。对新增的蒲公英图像、手绘的模拟图像进行检索，能得到与之在形状和颜色上相近的图像，这也反映出前面提到的 CNN 深度特征的抽象化特点，这对于我们拓展深度学习应用有一定的参考价值。

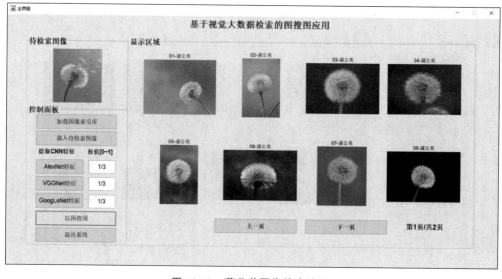

图 12-19　蒲公英图像检索结果

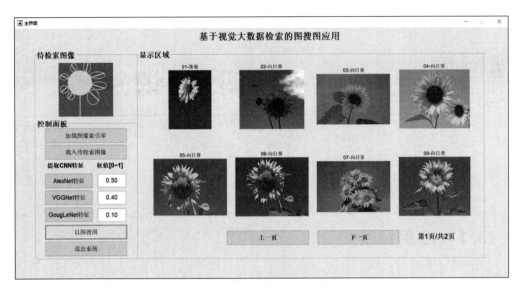

图 12-20　模拟手绘图像检索结果

12.6　案例小结

近年来,随着人工智能技术的不断发展,如何将 AI 的技术融合到行业应用也越来越引起人们的重视。本案例重点对 CNN 模型进行了结构分析,对中间层的特征图进行了拆分、激活和可视化,并将其应用于以图搜图的视觉检索应用。此外,在应用中对模拟的手绘图像进行了 CNN 特征提取和图像检索,能够返回在颜色和形状上与模拟图相近的图像结果,表明了深度学习对图像特征的抽象化描述,这也是 AI 技术典型应用的基础理论之一。读者可以使用其他的方法对实验过程进行个性化修改,例如使用其他的 CNN 模型、不同的图像相似度判断方法和不同的数据集等,进一步的延伸应用。

## 第 13 章

验证码 AI 识别

13.1　应用背景

近年来互联网技术飞速发展,网络在给人们提供丰富资源和生活便利的同时,也衍生出众多的安全隐患,例如频繁的账号注册、论坛的垃圾灌水帖、多次登录破解密码等恶意行为。为了进一步加强网络系统安全性,避免程序化机器人的干扰,验证码机制也随之而出。验证码一般是通过图像的形式给出问题,要求用户进行认知回复,系统自动化评判用户提交的答案,区分是否属于合理的访问行为。

验证码具有千变万化的特点,例如要求填写字母、数字、成语或求解数学计算题等形式。随着网络安全技术及验证码生成技术的不断发展,已经出现了更加复杂的验证码类型,例如交互式选择物体、滑块拖曳局部区域到目标位置等形式的验证码。虽然还未出现通用的验证码程序化识别服务,但是对于经典的静态验证码情形,在分析其构成特点之后,通过一定的策略往往能够利用图像处理的方式达到自动化识别的效果。

验证码天然具有大数据的特点,可通过程序化过程收集标注甚至模拟生成的方式来得到较大规模的数据集,再通过计算机视觉、机器学习等相关知识得到自动化识别的解决方案。本案例从系统攻防模拟的角度出发,首先通过自定义模拟的方式生成某类型的验证码数据集,然后使用深度学习框架进行模型训练,最后将其应用于验证码的自动化识别应用。

13.2　验证码图像生成

文本验证码是应用最广泛的形式之一,常见形式为给出若干个字符构成的图像,要求用户输入对应的字符内容,当输入全部正确时则认为验证通过。如图 13-1 所示,文本验证码大多由英文字母和数字构成,结合颜色、干扰噪声和重叠扭曲等形式增加自动化识别的难度。文本验证码一般不区分英文字母的大小写,具有生成方式简单、操作效率高和传输速度快等特点,适用于大多数的网站系统。

本案例选择英文字母和数字,并结合颜色和干扰点生成四位字符的文本验证码,主要过

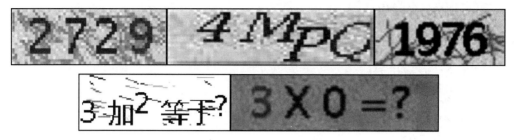

图 13-1 文本验证码示例

程如图 13-2 所示。本案例选择的文本验证码生成主要是根据设置的字符模板和输入的验证码字符串,通过设置底图、颜色填充和叠加生成的方式获得验证码图像。因此,将其总结为三部分:生成基础字符模板、生成文本验证码图和生成验证码数据库。

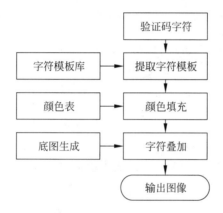

图 13-2 验证码图像生成流程图

13.2.1 基础字符模板

选择字符 a~z、A~Z 和 0~9,设置字体格式,通过截屏存储的方式自动化生成字符模板库,关键代码如下。

```
% 设置字符列表:大写字母、小写字母、数字
cns = [char(97:97 + 25) char(65:65 + 25) char(48:48 + 9)];
db = fullfile(pwd, 'db');
if ~exist(db, 'dir')
    mkdir(db);
end
% 临时窗口
hfig = figure();
% 设置底色为白色
set(hfig, 'Color', 'w')
for i = 1 : length(cns)
```

```
    clf; hold on; axis([-1 1 -1 1]);
    % 显示指定的英文字符
    text(0,0,cns(i), 'FontSize', 14, 'FontName', '黑体'); axis off;
    % 截屏
    f = getframe(gcf);
    % 转换为图像
    f = frame2im(f);
    % 灰度化
    f = rgb2gray(f);
    % 二值化并反色
    f = ~im2bw(f, graythresh(f));
    % 裁剪有效字符区域
    [r, c] = find(f);
    f = f(min(r):max(r), min(c):max(c));
    % 统一高度尺寸
    f = imresize(f, 20/size(f, 1), 'bilinear');
    % 存储
    imwrite(f, fullfile(db, sprintf('%02d.jpg', i)));
end
% 关闭临时窗口
close(hfig);
```

运行此段代码，可以生成 a-z、A-Z 和 0-9 的标准字符模板图像，保存到指定的文件夹，如图 13-3 所示。生成了统一高度的标准字符模板库图像，均为黑底白字的二值化图，可方便地进行字符组合和颜色设置，为下一步的文本验证码生成提供基础字符库。

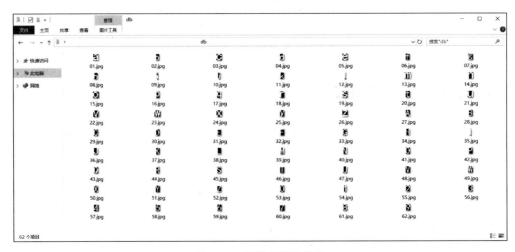

图 13-3　标准字符模板库

13.2.2　验证码图模拟

本实验模拟生成四位字符的验证码图像，增加斑点型的噪声干扰，最终得到统一尺寸的文本验证码图像。

（1）生成设定大小的底图，增加噪声点干扰。

```
% 设置斑点
bd = ones(2,2,3);
bd(:,:,1) = 139;
bd(:,:,2) = 139;
bd(:,:,3) = 0;
% 设置白色底图
sz = [30 93 3];
bg = uint8(ones(sz) * 255);
% 设置随机斑点的位置
num = 35;
r = randi([1 sz(1) - 1], num, 1);
c = randi([1 sz(2) - 1], num, 1);
im = bg;
for i = 1 : num
% 叠加斑点到底图
    im(r(i):r(i) + 1, c(i):c(i) + 1, :) = bd;
end
```

代码设置了高 93、宽 30 的白色底图，增加了设定密度的噪声点，结果如图 13-4 所示。

（2）设置验证码字符内容，并对应到字符模板库。

```
% 设置字符列表：大写字母、小写字母、数字
cns = [char(97:97 + 25) char(65:65 + 25) char(48:48 + 9)];
% 验证码字符内容
char_info = '8CG4';
% 对应到字符模板库
for i = 1 : length(char_info)
    int_info(i) = find(cns == char_info(i));
end
```

如上对设置的验证码字符内容，可对应到字符模板信息，例如"8CL4"对应的字符模板名称为 61、29、33、57，如图 13-5 所示。可将设置的验证码字符串对应到字符模板库，进而能够对其进行颜色、位置的调整，叠加到前面生成的底图得到验证码图像。

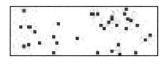

图 13-4　验证码底图设置　　　　**图 13-5　验证码字符模板对应示意图**

（3）设置字符填充参数，并生成字符颜色列表。如下代码显示的处理过程选择从第 5 列开始填充，并生成了 7 种颜色，用于字符图像的颜色设置。

```
% 起始列位置
```

```
x_s = 5;
% 颜色库
colors = [0 0 255
          58 95 205
          105 89 205
          131 111 255
           0 0 139
          16 78 139
          54 100 139];
```

（4）遍历每个字符生成彩色的验证码字符图像，填充到底图。

```
for i = 1 : length(int_info)
    % 读取字符模板
    filenamei = fullfile(pwd, sprintf('db/ % 02d. jpg', int_info(i)));
    Ii = imread(filenamei);
    % 统一高度
    Ii = imresize(Ii, 15/size(Ii, 1), 'bilinear');
    % 字符二值化模板
    maski = im2bw(Ii);
    % 随机提取颜色库的颜色
    co = colors(randi([1 size(colors,1)], 1, 1), :);
    % 设置 r 颜色通道
    imi_r = ones(size(maski)) * 255; imi_r(maski) = co(1);
    % 设置 g 颜色通道
    imi_g = ones(size(maski)) * 255; imi_g(maski) = co(2);
    % 设置 b 颜色通道
    imi_b = ones(size(maski)) * 255; imi_b(maski) = co(3);
    % 合并 r、g、b 三通道
    imi = cat(3, imi_r, imi_g, imi_b);
    % 设置纵向的位置
    r_si = randi([5 sz(1) - size(Ii,1) - 2], 1, 1);
    c_si = x_s;
    im2 = im;
    % 字符图像填充到底图
    im2(r_si:r_si + size(Ii,1) - 1, c_si:c_si + size(Ii,2) - 1, :) = imi;
    bwt = zeros(size(im, 1), size(im, 2));
    % 字符图像填充模板
    bwt(r_si:r_si + size(Ii,1) - 1, c_si:c_si + size(Ii,2) - 1, :) = maski;
    bwt = logical(bwt);
    % 保留斑点,按填充模板叠加字符图
    im_r = im(:, :, 1); im_g = im(:, :, 2); im_b = im(:, :, 3);
    im2_r = im2(:, :, 1); im2_g = im2(:, :, 2); im2_b = im2(:, :, 3);
    im_r(bwt) = im2_r(bwt);
    im_g(bwt) = im2_g(bwt);
```

```
        im_b(bwt) = im2_b(bwt);
        im = cat(3, im_r, im_g, im_b);
        % 更新起始列,中间设置隔10列
        x_s = c_si + size(Ii, 2) + 10;
    end
    % 归一化验证码图像
    im = im2uint8(mat2gray(im));
```

如上处理过程遍历每个验证码字符,读取模板图像并随机选择颜色进而生成彩色的字符图像,然后将其填充到前面得到的底图,最终得到彩色的验证码图像,结果如图 13-6 所示。按照设置的验证码字符串生成了彩色验证码图像,其中的字符图像上下错位摆放且整体上带有斑点噪声的干扰,这样就得到了文本验证码的模拟图自动生成模块,可将其按照 im = gen_yzm(char_info) 的形式封装为子函数供其他模块传入验证码字符串进行调用。

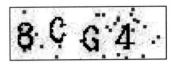

图 13-6　验证码生成效果图

13.2.3　验证码数据库

验证码模拟生成后,可通过字符随机生成的方式获得验证码大数据集合,为后面的 AI 识别提供数据支撑。在实际应用中,考虑到字符图像"o""O"与"0","l""I"与"1""i""j"的顶部点状区域与斑点噪声在呈现形式上的相似性,在字符随机生成时将"o""O""l""I""i""j"排除。

(1) 设置字符集合和排除字符,生成数据集存储目录。

```
% 设置字符列表:大写字母、小写字母、数字
cns = [char(97:97 + 25) char(65:65 + 25) char(48:48 + 9)];
% 排除字母 o、O、l、I、i、j
exclude_cns = 'oOlIij';
% 设置目录
db = fullfile(pwd, 'yzms');
if ~exist(db, 'dir')
    mkdir(db);
end
```

如上处理过程设置了字符集合,将字母"oOlIij"设置为排除字符,设置当前子文件夹 yzms 为存储目录。

(2) 循环生成验证码大数据样本集合。

```
% 循环生成4位验证码字符图像
for k = 1 : 5000
    while true
        ci = cns(randi([1 length(cns)],1,4));
```

```matlab
    if ~isempty(intersect(ci, exclude_cns))
        % 如果出现了排除字符,跳过
        continue;
    end
    % 生成图像
    im = gen_yzm(ci);
    % 写出到文件
    imwrite(im, fullfile(db, sprintf('%s_%d.jpg', ci, k)));
    break;
    end
end
```

如上处理过程通过循环生成得到了 5000 幅样本图,并存储到了指定的文件夹,运行结果如图 13-7 所示。循环生成了 5000 幅验证码样本图像,且文件名前四位为验证码图像的字符内容。

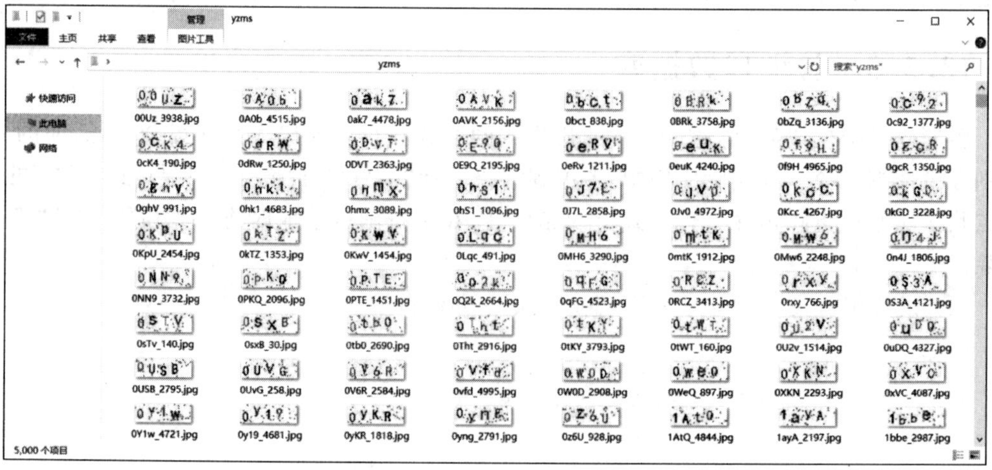

图 13-7　验证码大数据样本集合

（3）验证码样本字符分割。分析前面生成的验证码图像,呈现白色底图、斑点噪声和彩色字符的特点,且字符排列具有水平均匀摆放的形态。因此,可采用阈值分割及区域面积筛选的思路消除斑点干扰,再利用连通域属性分析提取单字符图像,主要过程如下。

- 首先,读取验证码图像,采用阈值分割及区域面积筛选的方式消除大部分斑点噪声。
- 然后,对图像进行连通域分析,提取连通域属性获取面积排在前 4 位的区域作为字符候选区域。
- 最后,分割样本字符,按照文件名保存到指定目录。

验证码字符分割的关键在于利用了斑点噪声和字符排列的特点,通过对小面积斑点的筛除可保留字符区域,通过连通域分析可提取字符区域的位置信息,最终能够进行字符的分割,关键代码如下。

```
im = imread(filename);
% 二值化分割
ig = rgb2gray(im);
% 二值化并反色,突出字符
iw = ~im2bw(ig, 0.8);
% 消除小区域噪声点
iw = bwareaopen(iw, 12);
% 连通域分析
[L,num] = bwlabel(iw);
stats = regionprops(L);
% 连通域面积
areas = cat(1, stats.Area);
% 降序排序,保留前 4 个连通域
[~, ind] = sort(areas, 'descend');
rects = cat(1, stats.BoundingBox);
rects = rects(ind(1:4),:);
% 从左向右排序
rects = sortrows(rects, 1);
```

考虑到验证码校验机制中对英文字母大小写兼容的情况,这里可将英文字母的标签统一为大写形式。因此,按照上面的处理过程能对图 13-8 所示的验证码图像字符进行定位分割,最终生成对应的字符数据集,效果如图 13-9 所示。经过对样本图库的字符定位和分割存储,结合前面设置的排除字符列表,最终得到 34 个类别的验证码字符集合。

图 13-8 验证码图像字符
定位示例

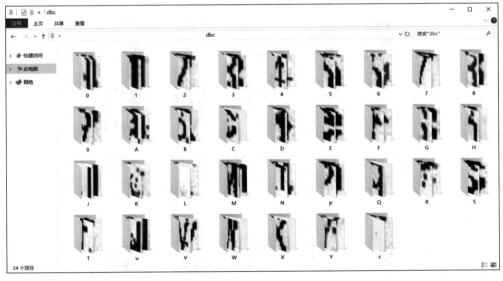

图 13-9 验证码字符集合

13.3　验证码识别模型

13.3.1　CNN 模型训练

本案例涉及的验证码图像经字符分割后可转换为 4 个字符图像的分类识别问题,考虑到字符图像本身的颜色和噪声因素,可利用卷积神经网络强大的特征提取和抽象能力进行分类模型的设计。因此,结合之前的手写数字识别应用,我们可直接复用自定义的卷积神经网络模型,设置对应的输入层、输出层参数,最终得到验证码识别模型。

(1) 读取已有的字符数据集,显示字符图像样例。代码运行后可得到训练集、验证集,并显示部分样本图像,具体如图 13-10 所示。

```
% 数据读取
db = imageDatastore('./dbc', ...
    'IncludeSubfolders',true,'LabelSource','foldernames');
% 拆分训练集和验证集
[db_train,db_validation] = splitEachLabel(db,0.9,'randomize');
figure;
perm = randperm(size(db.Files,1),20);
for i = 1:20
    subplot(4,5,i);
    imshow(db.Files{perm(i)});
end
```

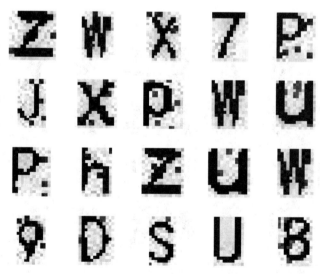

图 13-10　字符样本图像

（2）设置网络输入层和输出层参数，定义 CNN 网络模型。代码运行后可得到 15 层的自定义 CNN 模型，网络结构如图 13-11 所示。

```
% 定义网络
layers_self = get_self_cnn([28 28 3], 34);
analyzeNetwork(layers_self);
```

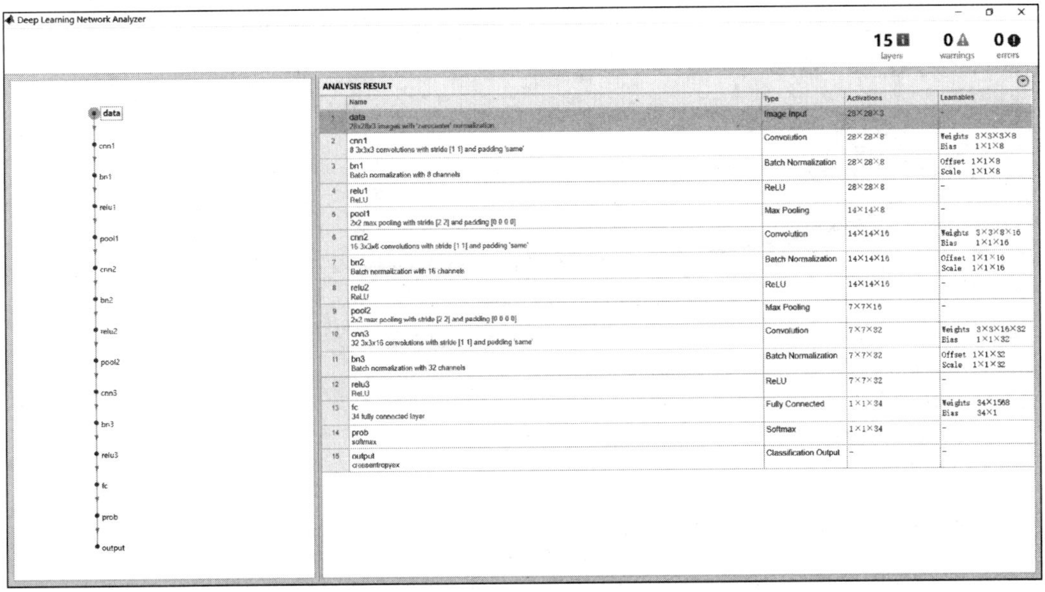

图 13-11 CNN 网络模型结构图示

（3）执行 CNN 模型训练，存储模型参数。运行后可加载前面设置的训练集、验证集，对自定义的 CNN 网络模型进行训练，最终得到训练后的模型并存储，训练过程如图 13-12 所示。最终的训练曲线呈现稳定收敛的状态，且对验证集的识别率在 95.45%，这也表明该模型对此单字符图像能达到较好的识别效果。

```
% 训练网络
net_self = train_cnn_net(layers_self, db_train, db_validation);
% 存储网络
save net_self.mat net_self
```

13.3.2 CNN 模型测试

前面设计的 CNN 模型是针对单个字符图像的识别，并且当前的验证码图像由 4 个字符构成，所以我们对验证码图像进行字符分割后再调用 CNN 模型对 4 个字符分别进行分类识别，最终可得到组合后的识别结果。下面以某样本图像为例，通过字符分割、字符识别得到对应的验证码识别结果，关键代码如下。

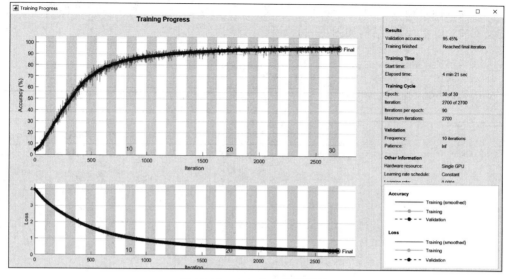

图 13-12 CNN 网络模型训练

```
% 识别
load net_self.mat
% 维度对应
inputSize = net_self.Layers(1).InputSize;
xw = zeros(inputSize(1), inputSize(2), 3, 4);
for i = 1 : size(rects, 1)
    % 当前字符图像
    x = imcrop(im, round(rects(i,:)));
    % 对应到网络输入层维度
    x = imresize(x, inputSize(1:2), 'bilinear');
    xw(:,:,:,i) = x;
end
% CNN 分类识别
yw = classify(net_self, xw);
% 显示结果
figure;
imshow(im, []);
for i = 1 : size(rects, 1)
    hold on; rectangle('Position', rects(i,:), 'EdgeColor', 'r', ...
'LineWidth', 2, 'LineStyle', '-');
    text(rects(i,1) + rects(i,3)/2, rects(i,2) - 3, char(yw(i)), 'Color', 'r', ...
'FontWeight', 'Bold', 'FontSize', 15);
end
```

运行后可对分割后的字符图像进行 CNN 识别,并将结果进行可视化,具体效果如图 13-13 所示。对验证码图像的识别结果进行标记显示,可以看到识别结果是 6AQN,这也能对应验证码

图 13-13 验证码图像 CNN 识别结果

图像的大写字母的内容,能够通过校验。

13.4 集成应用开发

13.4.1 数据集标注

13.3节介绍了对可分割的验证码字符图像进行 CNN 训练和识别的方案,这个处理过程可延伸应用到其他的可分割验证码数据集。为此,收集其他类型的验证码图像,分析其内部组成结构并进行标注,生成对应的字符数据集进行 CNN 训练和识别。将验证码图像字符信息作为其文件名进行标注,处理后的数据集如图13-14所示。新增的验证码数据集由4位英文大写字母和数字构成,存在斑点和干扰线噪声,且4个字符呈现水平均匀排列的特点。

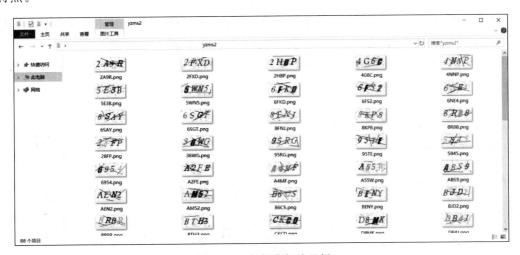

图 13-14 数据集标注示例

13.4.2 数据集分割

通过对此数据集样本分析,可使用灰度化统一颜色信息、使用设定的间隔分割提取字符图像,关键代码如下所示。

```
pic = imread('./yzms2/2A9R.png');
% 统一尺寸
pic = imresize(pic, [45 100], 'bilinear');
% 灰度化
pio = rgb2gray(pic);
% 设置切割区间
szs = linspace(3, 95, 5);
% 切割字符列表
```

```
ims = [];
for j = 1 : length(szs) − 1
    % 拆分灰度字符
    ims{j} = pio(:, szs(j) − 2:szs(j + 1) + 2);
end
```

运行后可得到验证码的灰度图,并对其进行字符切割得到单字符的序列图,效果如图 13-15 所示。

 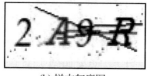 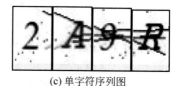

(a) 验证码样本图   (b) 样本灰度图   (c) 单字符序列图

图 13-15　运行效果图

通过灰度化可统一将彩色图转换为灰白图,再通过位置区间的切割可得到单字符图像序列,因此可以将该数据集进行遍历处理来得到对应的字符训练集,如图 13-16 所示。

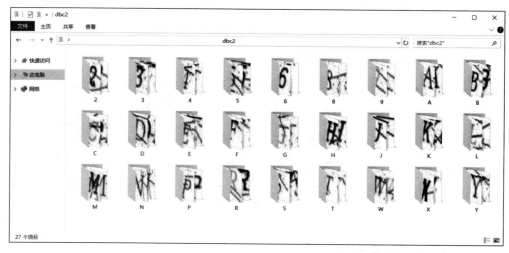

图 13-16　验证码字符集合

如图 13-16 所示,经过遍历处理可得到该验证码的单字符集合,因此可参考前面的 CNN 处理过程进行模型的训练和识别。

13.4.3　CNN 模型训练

当前验证码字符集合与前面的字符数据集差异主要表现在图像路径、图像颜色和分类数目上,因此可直接参考前面的参数配置和模型搭建训练方法进行处理。代码运行后得到当前字符集合的样本列表,如图 13-17 所示。

```
% 数据读取
db = imageDatastore('./dbc2', ...
    'IncludeSubfolders',true,'LabelSource','foldernames');
% 拆分训练集和验证集
[db_train,db_validation] = splitEachLabel(db,0.9,'randomize');
figure;
perm = randperm(size(db.Files,1),20);
for i = 1:20
    subplot(4,5,i);
    imshow(db.Files{perm(i)});
end
```

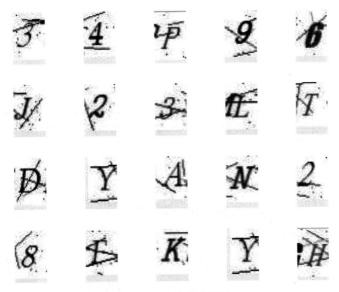

图 13-17 字符样本图像

当前的字符样本图像呈现灰度化、倾斜且存在噪声点和干扰线因素。因此设置 CNN
网络的输入为[28 28 1]维度，输出为 27 类，关键代码如下。代码运行后可生成 CNN 网络模
型，并加载当前的数据集进行训练，最后将训练结果保存到模型文件，方便后面的加载调用。

```
% 定义网络
layers_self = get_self_cnn([28 28 1], 27);
analyzeNetwork(layers_self);
% 训练网络
net_self = train_cnn_net(layers_self, db_train, db_validation, 200);
% 存储网络
save net_self2.mat net_self
```

如图 13-18 所示，该 CNN 模型为 15 层结构。CNN 网络模型最终的训练曲线如图 13-19
所示，呈现稳定收敛的状态，且对验证集的识别率在 94.44%，这也表明该模型对此单字符图像能达到较好的识别效果。

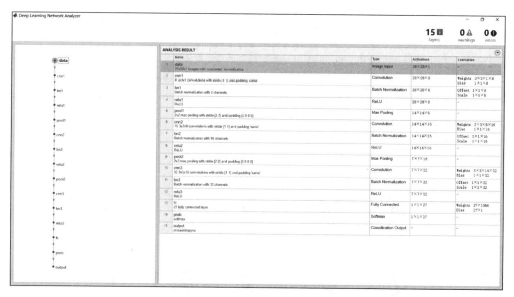

图 13-18 CNN 网络模型结构图

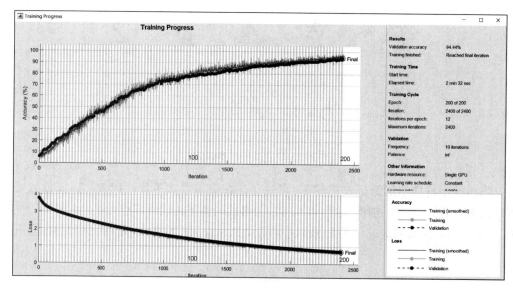

图 13-19 CNN 网络模型训练

13.4.4 CNN 模型应用

为了更好地集成对比不同步骤的处理效果,贯通整体的处理流程,本案例开发了一个 GUI 界面,集成验证码图像选择、字符图像分割和 CNN 模型识别等关键步骤,并显示处理过程中产生的中间结果。其中，集成应用的界面设计如图 13-20 所示。应用界面包括控制面板和显示面板两个区域，用户可选择验证码图像并自动调用 CNN 模型进行识别，最终在右侧显示区域显示中间的字符分割步骤和识别结果。

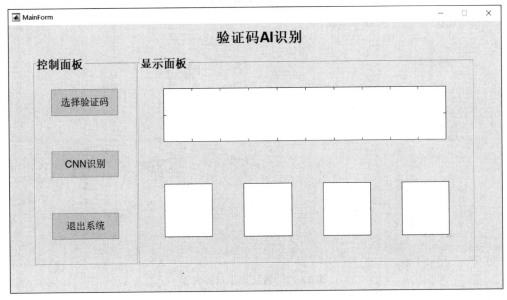

图 13-20 界面设计

选择数据集外的部分验证码图像进行 CNN 识别，可以发现都能得到正确的识别效果，这也表明了识别模型的有效性，具体验证码识别样例如图 13-21～图 13-24 所示。

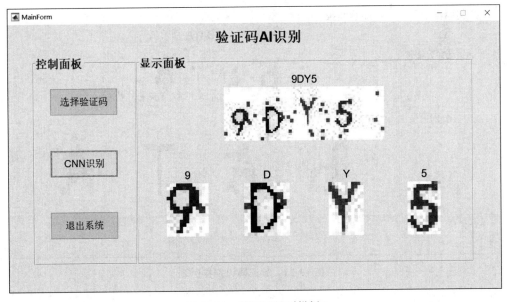

图 13-21 验证码识别样例 1

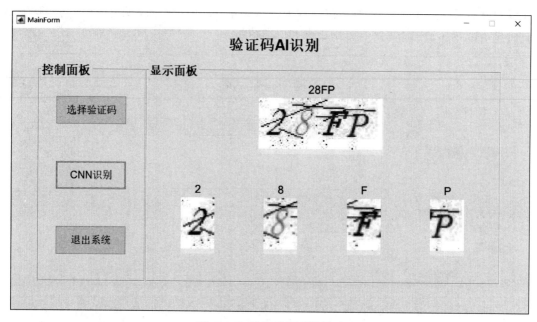

图 13-22 验证码识别样例 2

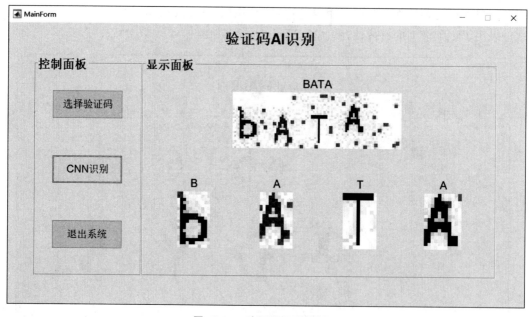

图 13-23 验证码识别样例 3

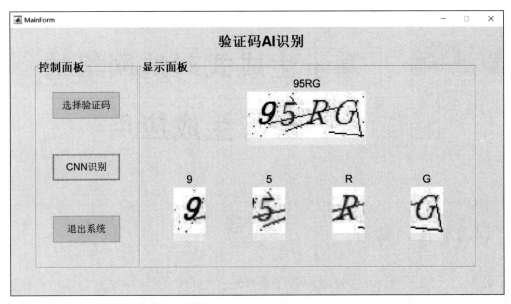

图 13-24 验证码识别样例 4

13.5 案例小结

随着互联网技术的迅速发展,网络安全也逐渐引起人们的重视,验证码的安全性校验在日常的互联网访问中也越来越普遍。现实中为了更有效地防止恶意攻击、保护网络安全,验证码校验技术变得越来越复杂,这也反过来推动了验证码识别技术的发展。以常见的静态文本验证码为例,识别方法一般包括预处理、字符分割和识别过程,近年来也出现了基于深度学习网络模型多输出的端到端识别方法,这也对验证码安全性校验机制带来了新的挑战。

本案例针对某类静态文本验证码,采用字符分割的方式得到训练集,选择小型的 CNN 网络进行模型训练和识别,通过较少的数据集依然可以得到较为理想的识别率,这也表明了 CNN 模型的高效性。因此,在实际应用中如果对验证码图像能得到较为精确的单个字符,则选择不同的 CNN 模型即可得到较高的识别率。读者可以通过自行设计或选择其他的网络、加载其他的验证码数据集等方式进行拓展实验。

## 第 14 章

基于生成式对抗网络的图像生成应用

14.1 应用背景

近年来人工智能技术迅速发展,产生了众多基于深度学习技术的智能应用,也引起了人们生活和工作的变化。其中,Ian J. Goodfellow 等人受零和博弈的启发提出了生成式对抗网络(Generative Adversarial Networks,GAN),包含生成器(Generative)和判别器(Discriminative)两个独立的网络模型。GAN 的判别器模型用来判别输入样本的真假;生成器模型努力产生预期样式的样本,期望该样本能通过判别器的真假判断。因此,GAN 训练是一个对抗性"博弈"优化的过程,通过保持某个模型(判别器或生成器)的情况下同时更新另一个模型的参数,经过交替迭代优化最终使得生成器能够对训练样本得到较好的模拟输出。GAN 网络自出现以来发展迅速,与之相关的应用也层出不穷,例如图像风格迁移、图像自动修复、影视人物 AI 换脸等,引起了人们的广泛关注。

本案例不深入研究 GAN 的理论推导,重点讲解如何利用已有的深度学习工具箱进行 GAN 网络设计和训练,并结合经典的卡通头像数据集进行训练,最终得到自动化的卡通头像生成模型。

14.2 生成式对抗网络模型

14.2.1 卡通头像大数据

Anime-faces 数据集是经典的动漫数据集,包含数万张高质量的卡通人物头像,其图像大小一般在 $90 \times 90 \sim 120 \times 120$ 之间。部分样本图像如图 14-1 所示,样本图像的背景清晰且颜色信息丰富,头像占据了图像的主要区域。

图 14-1 卡通头像样本图像示例

14.2.2 GAN 网络设计

GAN 网络的目标是输入的真实数据进行训练,最终能够生成与真实数据尽可能相似的模拟数据,包括生成器和判别器两个独立的模型。

(1)生成器模型,输入随机数向量,生成器可自动输出与训练数据具有相似特性的图像。

(2)判别器模型,输入真实的训练数据和生成器生成的模拟数据,判别器对其进行鉴定并输出 1(表示真)或 0(表示假)的鉴定结果。

如图 14-2 所示,GAN 网络的训练目标可以视作同时将生成器和判别器进行类似"博弈"的优化过程。

(1)生成器生成的模拟数据,尽可能地"蒙骗"识别器,使得模拟数据能够通过鉴定。

(2)判别器尽可能地区分真实数据和模拟数据。

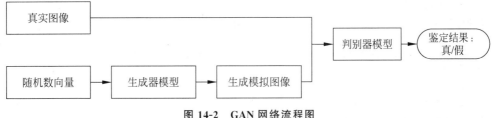

图 14-2 GAN 网络流程图

因此,为了优化生成器,需要使得判别器对生成器生成的模拟图像返回"真",这也表示需要使得此时判别器输出错误的结果即损失函数最大化;同理,为了优化判别器,需要对同时输入的真实数据和模拟数据进行正确的鉴别,这也表示需要使得此时判别器输出正确的结果即损失函数最小化。由此可见,直接训练 GAN 是一个相对困难的过程,需要综合考虑生成器和判别器的结构设计,并且二者的损失函数需指示训练过程,容易丢失样本的多样性。WGAN(Wasserstein GAN)引入"梯度惩罚"机制对原始的 GAN 进行了优化,自动化的平衡生成器和判别器的优化过程,保障样本的多样性,进一步简化了网络的结构设计。因此,本案例选择 WGAN 进行网络设计,将图像统一为 $64 \times 64 \times 3$ 的彩色图。

下面分别定义生成器和判别器模型,并分析其网络结构。

1. 生成器

定义生成器模型,设置输入为随机数向量,经投影重构、反卷积层和激活层,最终输出 $64 \times 64 \times 3$ 的模拟图像,其网络结构如图 14-3 所示。

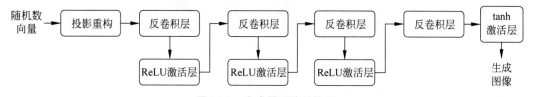

图 14-3 生成器网络结构图

生成器网络的详细代码如下。

```
% 卷积层参数
filter_size = 5;
num_filters = 64;
% 输入层维度
num_inputs = 100;
% 投影重构参数
projection_size = [4 4 512];
% 生成器网络定义
layers_g = [
% 输入向量
featureInputLayer(num_inputs,'Normalization','none','Name','in')
% 投影重构
projectAndReshapeLayer(projection_size,num_inputs,'Name','proj');
% 反卷积层
transposedConv2dLayer(filter_size,4 * num_filters,'Name','tconv1')
% 激活层
reluLayer('Name','relu1')
% 反卷积层
transposedConv2dLayer(filter_size,2 * num_filters,...
'Stride',2,'Cropping','same','Name','tconv2')
% 激活层
reluLayer('Name','relu2')
% 反卷积层
```

```
transposedConv2dLayer(filter_size,num_filters,'Stride',2,...
'Cropping','same','Name','tconv3')
% 激活层
reluLayer('Name','relu3')
% 反卷积层
transposedConv2dLayer(filter_size,3,'Stride',2,'Cropping','same','Name','tconv4')
% 激活输出层
tanhLayer('Name','tanh')];
% 生成器网络模型
net_g = dlnetwork(layerGraph(layers_g));
```

运行后,可得到生成器网络模型,其网络详细设计如图 14-4 所示。

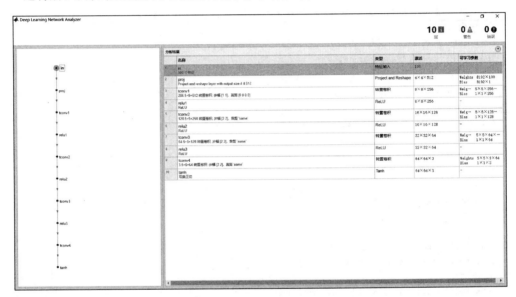

图 14-4 生成器模型详细设计

2. 判别器

定义判别器模型,设置输入为 $64 \times 64 \times 3$ 的彩色图像矩阵,经卷积层、正则化层和激活层,最终输出图像的鉴定结果,其网络结构如图 14-5 所示。

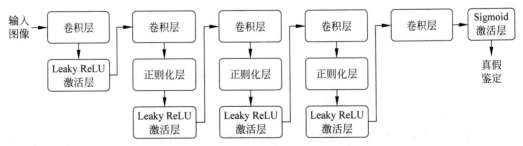

图 14-5 判别器网络结构图

判别器网络定义的详细代码如下。

```matlab
% 输入层维度
input_size = [64 64 3];
% 卷积层参数
filter_size = 5;
num_filters = 64;
% 激活层参数
scale = 0.5;
% 判别器网络定义
layers_d = [
% 输入图像
    imageInputLayer(input_size,'Normalization','none','Name','in')
% 卷积层
convolution2dLayer(filter_size,num_filters,'Stride',2,...
'Padding','same','Name','conv1')
% 激活层
leakyReluLayer(scale,'Name','lrelu1')
% 卷积层
convolution2dLayer(filter_size,2 * num_filters,'Stride',2,...
'Padding','same','Name','conv2')
% 正则化层
layerNormalizationLayer('Name','bn2')
% 激活层
leakyReluLayer(scale,'Name','lrelu2')
% 卷积层
convolution2dLayer(filter_size,4 * num_filters,'Stride',2,...
'Padding','same','Name','conv3')
layerNormalizationLayer('Name','bn3')
% 激活层
leakyReluLayer(scale,'Name','lrelu3')
% 卷积层
convolution2dLayer(filter_size,8 * num_filters,'Stride',2,...
'Padding','same','Name','conv4')
% 正则化层
layerNormalizationLayer('Name','bn4')
% 激活层
leakyReluLayer(scale,'Name','lrelu4')
% 卷积层
convolution2dLayer(4,1,'Name','conv5')
% 激活输出层
sigmoidLayer('Name','sigmoid')];
% 判别器网络模型
net_d = dlnetwork(layerGraph(layers_d));
```

运行后,可得到判别器网络模型,其网络详细设计如图 14-6 所示。

生成器和判别器模型的结构相对较为简单,由此也可看出 GAN 网络的高效、简洁和易编辑的特点。

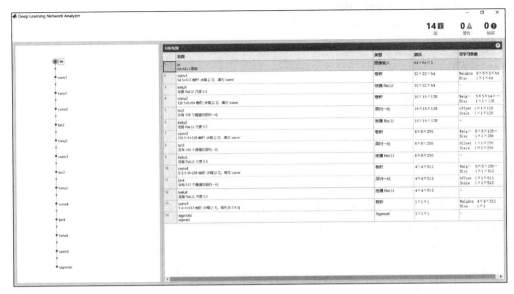

图 14-6 判别器模型详细设计

14.2.3 GAN 网络训练

定义了 GAN 网络的生成器和判别器模型后,可加载前面提到的卡通头像大数据,设置训练参数进行网络模型的训练。

(1) 设置训练参数,初始化数据读取接口。

```
% 批次规模
min_batchsize = 200;
imds_aug.MiniBatchSize = min_batchsize;
% 生成器迭代步数
num_iterations_g = 10000;
% 每 5 步训练判别器
num_iterations_gd = 5;
% 惩罚因子
lambda = 3;
% 判别器学习率
learnrate_d = 2e-4;
% 生成器学习率
learnrate_g = 1e-3;
% 梯度指数衰减率
gradient_decayfactor = 0;
% 平方梯度指数衰减率
squared_gradient_decayfactor = 0.3;
% 验证频次
validation_frequency = 10;
% 验证生成 25 张样本图
```

```
zvalidation = randn(num_inputs,25,'single');
dl_zvalidation = gpuArray(dlarray(zvalidation,'CB'));
% 设置训练环境为 gpu
executionEnvironment = "gpu";
% 建立数据获取队列
mbq = minibatchqueue(imds_aug,...
    'MiniBatchSize',min_batchsize,...
    'PartialMiniBatch','discard',...
    'MiniBatchFcn', @preprocessMiniBatch,...
    'MiniBatchFormat','SSCB',...
    'OutputEnvironment',executionEnvironment);
```

如上处理过程设置了数据批次规模、验证频次和学习率等参数,并定义了数据读取接口队列,为后面的网络模型训练设置进行参数初始化。

(2) 循环训练判别器和生成器模型,更新模型参数。

```
% 训练判别器
for n = 1:num_iterations_gd
    % 数据提取
    dlzd = next(mbq);
    % 设置生成器输入
    dlzg = dlarray(randn([num_inputs,size(dlzd,4)],...
'like',dlzd),'CB');
    % 训练判别器
    [gradients_d, loss_d, ~] = dlfeval(@modelGradientsD, ...
net_d, net_g, dlzd, dlzg, lambda);
    % 更新判别器参数
    [net_d,trailing_avg_d,trailing_avg_sqd] = adamupdate(net_d,...
gradients_d, trailing_avg_d, trailing_avg_sqd, ...
iteration_d, learnrate_d,gradient_decayfactor,...
squared_gradient_decayfactor);
end
% 设置生成器输入
dlzg = dlarray(randn([num_inputs size(dlzd,4)],'like',dlzd),'CB');
% 训练生成器
gradients_g = dlfeval(@modelGradientsG, net_g, net_d, dlzg);
% 更新生成器参数
[net_g,trailing_avg_g,trailing_avg_sqg] = adamupdate(net_g, ...
gradients_g, trailing_avg_g, trailing_avg_sqg,...
iteration_g, learnrate_g, gradient_decayfactor,... squared_gradient_decayfactor);
```

如上为循环体内进行判别器和生成器训练的过程,可以发现生成器模型的输入为随机向量,判别器模型的输入为统一维度的图像矩阵,经优化器迭代计算后进行网络模型参数的更新。

(3) 循环验证生成器模型,可视化中间训练状态。

```
% 当前生成器模拟生成
dlz_gval = predict(net_g,dl_zvalidation);
```

```
% 提取验证图像样本
I = rescale(imtile(extractdata(dlz_gval)));
```

　　如上处理过程调用当前循环中的生成器模型进行模拟生成,得到了 25 幅验证图像并将其重组为图像形式,训练的起始状态如图 14-7 所示。如图 14-8 所示,随着训练步数的增加,LOSS 曲线呈现逐步下降的趋势,验证生成图也逐步呈现出卡通头像的效果。

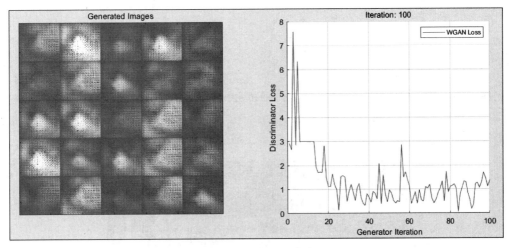

图 14-7　起始训练状态

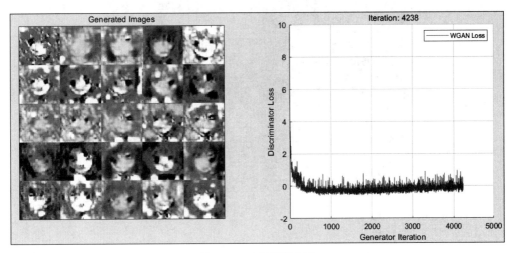

图 14-8　中间训练状态

14.2.4　GAN 网络测试

　　网络模型训练后可将其存储到本地文件,按照对应的输入维度要求生成随机向量,然后调用生成器模型获得卡通头像的生成图。

```
% 加载模型
load model.mat
% 初始化输入数据
data_input = randn(100,25,'single');
data_input_array = dlarray(data_input,'CB');
% 调用生成器模型
data_output = predict(net_g,data_input_array);
% 提取生成结果
I = imtile(extractdata(data_output));
I = rescale(I);
```

如上处理过程加载已训练的生成器模型,设置随机输入向量进行卡通头像生成,运行效果如图 14-9 所示。生成器模型能对输入的随机数向量生成对应的卡通头像模拟图,受限于训练步数和生成图像的分辨率大小,测试结果存在一定的模糊,可通过增加训练步数和提高分辨率可以有一定的改进效果,但同时也会增加新的训练资源投入。

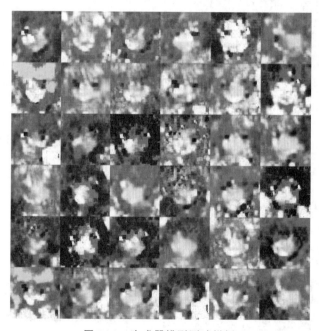

图 14-9 生成器模型测试样例

14.3 集成应用开发

为了更好地集成对比不同步骤的处理效果,贯通整体的处理流程,本案例开发了一个 GUI 界面,集成模型加载、随机数设置和卡通头像生成等关键步骤,并显示处理过程中产生的中间结果。其中,集成应用的界面设计如图 14-10 所示。

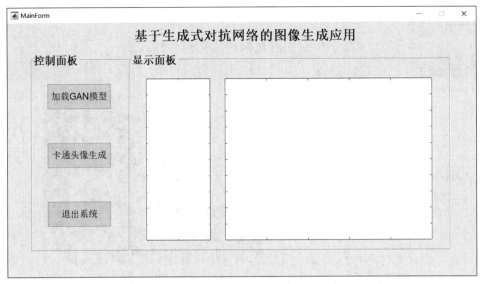

图 14-10　界面设计

应用界面包括控制面板和显示面板两个区域,单击"加载 GAN 模型"按钮后会在右侧自动显示其网络结构,单击"卡通头像生成"按钮则会自动重置随机数并调用生成器模型获取批量的卡通头像仿真图,最终在右侧区域显示处理结果。

如图 14-11 和图 14-12 所示,单击"卡通头像生成"按钮后得到批量的卡通头像仿真图,生成结果具备卡通头像的基本属性,这也表明了生成器模型的有效性。此外,受限于训练步数和生成图像的分辨率大小,生成结果存在一定的模糊现象,读者可考虑提高生成图的分辨率、增加训练步数等方式进行改进。

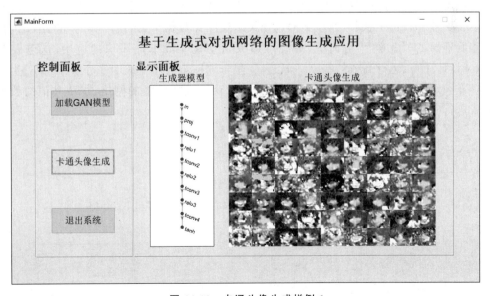

图 14-11　卡通头像生成样例 1

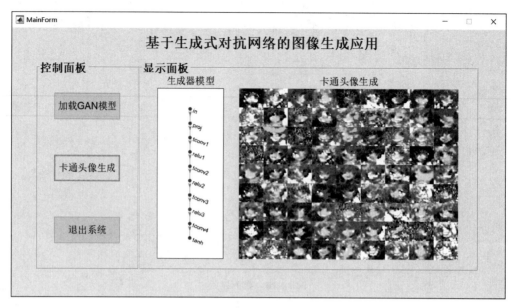

图 14-12　卡通头像生成样例 2

14.4　案例小结

近年来,随着大数据和人工智能技术的不断发展,各种 AI 应用随之涌入到我们的日常生活,例如刷脸支付、AI 棋手和智能客服等。生成式对抗网络以其强大的数据建模能力得以广泛应用,例如图像/视频生成、图文互转、AI 换脸等流行的应用,同时也进一步拓展到了自然语言处理、人机交互领域。本案例选择某卡通图像数据集,采用经典的 WGAN 进行生成器和判别器的模型设计与训练,最终可形成自动化生成卡通头像的应用,这也表明了 WGAN 设计简单、运行高效的特点。但是,受限于训练步数和生成图像分辨率大小,生成的结果存在一定的模糊现象。读者可以通过自行设计或选择其他的网络、加载其他的数据集等方式进行实验的延伸。

## 第 15 章

COVID-19 新冠肺炎影像智能识别

15.1 应用背景

自 2019 年底以来,COVID-19 新冠疫情短时间内在国内外暴发,已蔓延至世界上大多数国家,给医疗卫生行业带来了巨大的挑战。新冠病毒传播途径多样且具有一定的潜伏期和隐蔽性等特点,国家卫健委指出"早发现、早隔离、早诊断、早治疗"是防控新冠肺炎最有效的办法,并在已发布的《新型冠状病毒肺炎诊疗方案(试行第八版)》中强调了利用核酸、CT 影像进行新冠肺炎检测诊断的重要性。肺部 CT 影像可在一定程度上反映出 COVID-19 病变的状态、范围和动态变化,已成为评判病人是否遭遇新冠肺炎感染或康复的重要依据之一。但是,在检测和诊疗过程中拍摄的海量 CT 影像也给影像分析工作带来了较大的压力,在诊断过程也可能会受到工作阅历和业务经验等因素的影响而产生误判。随着人工智能技术的迅速发展,其在医疗辅助诊断领域的应用也得以进一步拓展,特别是利用 AI 技术进行肺部 CT 影像的智能分析已成为典型的业务应用之一,可客观快速地辅助诊断新冠肺炎病患,引起了人们的广泛关注。

本案例针对公开的 COVID-19 新冠 CT 影像数据集,重点讲解如何利用已有的深度学习模型进行迁移学习,并比较不同模型的识别效果,最终形成 COVID-19 新冠肺炎影像智能分析应用。

15.2 新冠影像识别

15.2.1 新冠影像大数据

人体的肺部分为左右两侧,从视觉上类似于两个"气囊",正常情况下健康的肺部绝大部分填充了空气的肺泡,密度相对较低,当遇到 X 光照射时能够较好穿透空气,因此正常肺部的 X 光影像呈现出偏黑色的效果;但是,如若受到病毒影响而产生了肺部炎症,密度相对增加,当遇到 X 光照射时穿透性较差,进而出现异常的白色区域,而当肺部 X 光影像出现大面积白色形成"白肺"时则症状可能就达到了较为严重的程度。图 15-1 来自纪建松等出版的《新冠肺炎 CT 早期征象与鉴别诊断》,呈现了新冠肺炎 CT 影像早期征象及演变的过程。

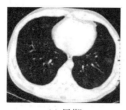 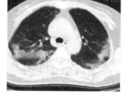 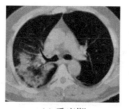 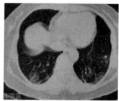

(a) 早期　　　　　　　　(b) 进展期　　　　　　　　(c) 重症期　　　　　　　　(d) 消散期

图 15-1　新冠肺炎患者发病不同阶段 CT 影像图

如图 15-1 所示，新冠肺炎患者发病不同阶段呈现出不同的 CT 影像状态，发病期间明显地呈现出白色块状区域扩张的情形，这也是病症在 CT 影像中的表现形态之一。基于公开透明的原则，选择加州大学圣地亚哥分校、Petuum 的研究人员构建的开源 COVID-CT 数据集，包含了 349 张新冠阳性的 CT 影像图以及 397 张新冠阴性的 CT 影像图。考虑到数据涉及的相关比例信息，只选择影像图开展实验并且对文件进行了重命名。如图 15-2 所示的文件夹"CT_COVID"存放了 349 张新冠阳性 CT 影像，如图 15-3 所示的文件夹"CT_NonCOVID"存放了 397 张新冠阴性 CT 影像，这是典型的二分类问题。由于数据量相对较少，所以考虑使用迁移学习的方式，利用已有的 CNN 模型进行编辑，加载当前数据集进行训练，得到迁移学习后的 CNN 分类模型。

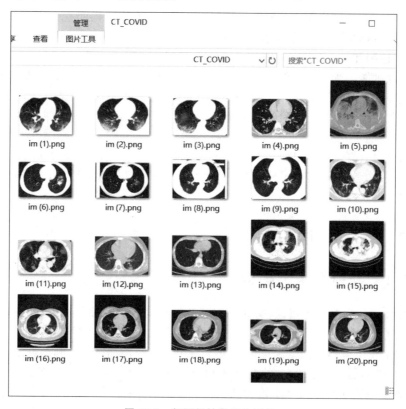

图 15-2　新冠阳性数据集图示

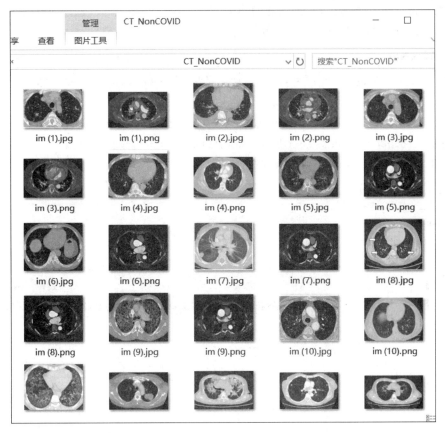

图 15-3　新冠阴性数据集图示

15.2.2　CNN 迁移设计

迁移学习(Transfer Learning),从字面上可以看出是编辑已有的预训练模型并将其应用到新数据上进行二次训练,达到对原模型结构和参数的复用效果,这可以将原模型已学到的"模式"延伸到新模型进而提升训练速度和识别效果,适用于数据集规模较小的情况。常见的迁移学习包括全连接层编辑、特征向量激活、卷积层微调方式,下面以 CNN 分类模型为例进行说明。

(1) 全连接层编辑,选择 CNN 网络的全连接层,保留原预训练模型的其他网络层,按照新数据的结构重新编辑全连接层,重新训练 CNN 模型。

(2) 特征向量激活,选择 CNN 网络的某中间层,保留原预训练模型中该层前面的网络层,输入数据激活该中间层作为特征向量,将其作为其他机器学习模型的输入进行训练,例如 SVM、BP、CNN 等。

(3) 卷积层微调,保留原预训练模型靠近输入的多数卷积层,训练其他的网络层。

本案例选择第一种方式,对预训练的 AlexNet、GoogLeNet 和 VGGNet 模型进行编辑,应用于当前的新冠影像数据集进行二次训练,得到迁移学习后的模型。

1. AlexNet

AlexNet 是经典的 CNN 模型,以其设计者 Alex Krizhevsky 的名字命名,在 2012 年的 ImageNet 竞赛中以远超第二名的成绩取得冠军,并一度掀起了深度学习的热潮。选择 AlexNet 进行编辑,将其应用于新冠影像数据集的分类识别。下面加载 AlexNet 预训练模型,并分析其网络结构。如图 15-4 所示,加载后的 AlexNet 模型全连接层"fc8"的维度是 1000,也正对应了原模型的 1000 个类别。

```
% 获取 alexnet 预训练模型
net = alexnet;
% 分析网络结构
analyzeNetwork(net);
```

图 15-4　AlexNet 网络结构分析图

从全连接层出发进行编辑,将其迁移到当前的二分类应用,关键代码如下。

```
% 保留全连接层之前的网络层
layers_transfer = net.Layers(1:end-3);
% 设置新数据的类别数目
class_number = 2;
% 编辑得到新的网络结构
layers_new = [
    layers_transfer
    fullyConnectedLayer(class_number,'WeightLearnRateFactor',...
    10,'BiasLearnRateFactor',10,'Name','fc_new')
```

```
        softmaxLayer('Name','soft_new')
        classificationLayer('Name','output_new')];
    % 分析网络结构
    analyzeNetwork(layers_new);
```

运行后可得到 AlexNet 迁移模型,具体如图 15-5 所示。AlexNet 迁移模型全连接层"fc8"的维度是 2,也正对应了当前新冠影像数据集的二分类应用。

图 15-5 AlexNet 迁移后的网络结构分析图示

为方便调用,将上面的过程封装为子函数 get_alex_transfer,返回编辑后的迁移模型。

2. GoogLeNet

GoogLeNet 是 Google 推出的 CNN 模型,通过 Inception 模块提高卷积的特征提取能力,在 2014 年的 ImageNet 竞赛中 GoogLeNet 获得分类项目的冠军。选择 GoogLeNet 进行编辑,将其应用于新冠影像数据集的分类识别。下面加载 GoogLeNet 预训练模型,并分析其网络结构。

首先,加载 GoogLeNet 预训练模型。如图 15-6 所示,加载的 GoogLeNet 模型全连接层"loss3-classifier"的维度是 1000,正对应原模型的 1000 个类别。

```
% 获取 googlenet 预训练模型
net = googlenet;
% 分析网络结构
analyzeNetwork(net);
```

对 GoogLeNet 预训练模型进行编辑替换,将其迁移到当前的二分类应用,关键代码如下。

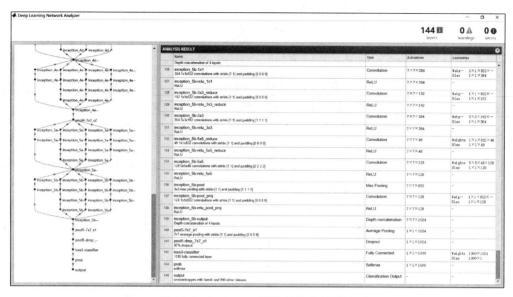

图 15-6　GoogLeNet 网络结构分析图示

```
% 设置新数据的类别数目
class_number = 2;
% 编辑得到新的网络结构
newfcLayer = fullyConnectedLayer(class_number, ...
    'Name','new_fc', ...
    'WeightLearnRateFactor',...
    10,'BiasLearnRateFactor',10);
newoutLayer = classificationLayer('Name','new_classoutput');
% 替换原网络对应的层
lgraph = layerGraph(net);
lgraph = replaceLayer(lgraph,...
    'loss3 - classifier',newfcLayer);
lgraph = replaceLayer(lgraph,'output',newoutLayer);
% 分析网络结构
analyzeNetwork(lgraph);
```

　　运行后可得到 GoogLeNet 迁移模型,具体如图 15-7 所示。GoogLeNet 迁移模型全连接层"new_fc"的维度是 2,正对应当前新冠影像数据集的二分类应用。为方便调用,将上面的过程封装为子函数 get_googlenet_transfer,返回编辑后的迁移模型。

3. VGGNet

　　VGGNet 是牛津大学和 DeepMind 联合研发的 CNN 模型,具有结构简洁,特征学习能力强的特点,在 2014 年的 ImageNet 竞赛中 VGGNet 获得分类项目的亚军和定位项目的冠军。常见的 VGGNet 包括 Vgg16 和 Vgg19 两种结构,此处选择 VGG19 进行编辑,将其应用于新冠影像数据集的分类识别。下面加载 VGG19 预训练模型,并分析其网络结构。如

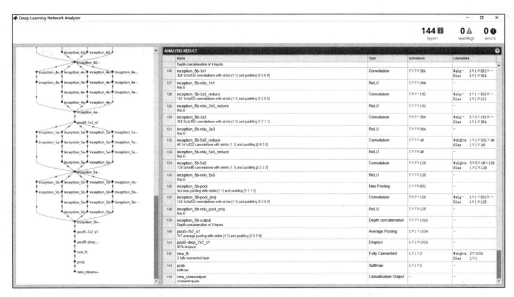

图 15-7 GoogLeNet 迁移后的网络结构分析

图 15-8 所示,加载的 VGG19 模型全连接层"fc8"的维度是 1000,正对应原模型的 1000 个类别。

```
% 获取 vgg19 预训练模型
net = vgg19;
% 分析网络结构
analyzeNetwork(net);
```

从全连接层出发进行编辑,将其迁移到当前的二分类应用,关键代码如下。

```
% 保留全连接层之前的网络层
layers_transfer = net.Layers(1:end - 3);
% 设置新数据的类别数目
class_number = 2;
% 编辑得到新的网络结构
layers_new = [
    layers_transfer
    fullyConnectedLayer(class_number,'WeightLearnRateFactor',...
    10,'BiasLearnRateFactor',10,'Name','fc_new')
    softmaxLayer('Name','soft_new')
    classificationLayer('Name','output_new')];
% 分析网络结构
analyzeNetwork(layers_new);
```

运行后可得到 VGG19 迁移模型,具体如图 15-9 所示。VGG19 迁移模型全连接层"fc8"的维度是 2,正对应了当前新冠影像数据集的二分类应用。为方便调用,将上面的过程封装为子函数 get_vgg_transfer,返回即可得到迁移模型。

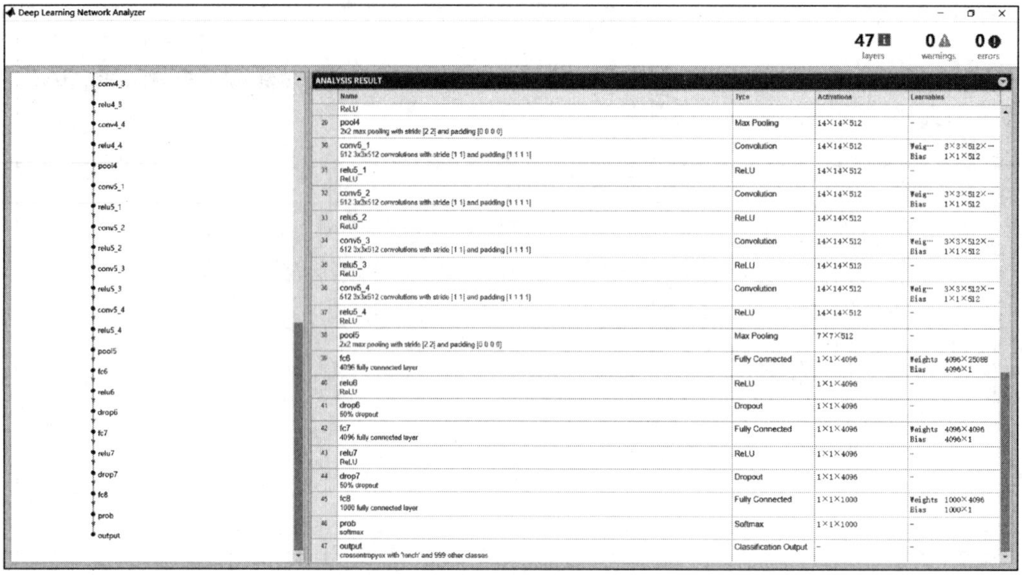

图 15-8　　VGG19 网络结构分析

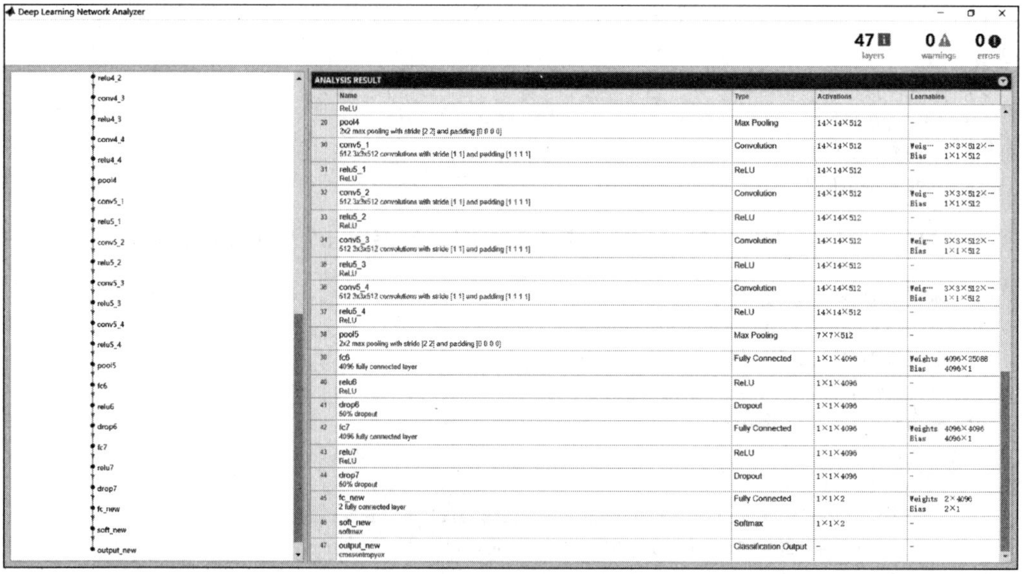

图 15-9　VGG19 迁移后的网络结构分析

15.2.3　CNN 迁移训练

设计了 3 个 CNN 迁移模型后,可加载新冠影像数据集分别进行训练得到 3 个迁移模型,并将其以文件的形式进行保存。

（1）加载数据。

```
rng('default')
% 数据读取
db = imageDatastore('./dbs', ...
     'IncludeSubfolders',true,'LabelSource','foldernames');
% 拆分训练集和验证集
[db_train,db_validation] = splitEachLabel(db,0.9,'randomize');
```

如上处理过程加载新冠影像数据集，以文件夹名称"CT_COVID""CT_NonCOVID"作为类别信息，并将数据集按照 9∶1 拆分为训练集和验证集。

（2）训练迁移模型。

```
% 类别信息
class_number = 2;
% 获取迁移模型
alexnet_t = get_alex_transfer(class_number);
googlenet_t = get_googlenet_transfer(class_number);
vggnet_t = get_vgg_transfer(class_number);
```

如上处理过程获取 3 个迁移模型，并且各自的输出层类别数目均为 2，这也对应了新冠影像数据集的类别数目，各个迁移模型的网络示意图分别如图 15-10～图 15-12 所示。

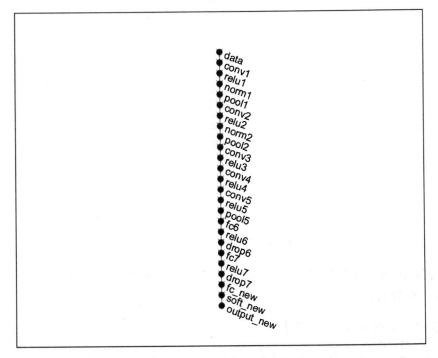

图 15-10　AlexNet 迁移网络结构图

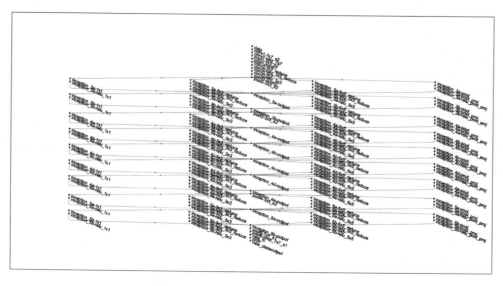

图 15-11　GoogLeNet 迁移网络结构图

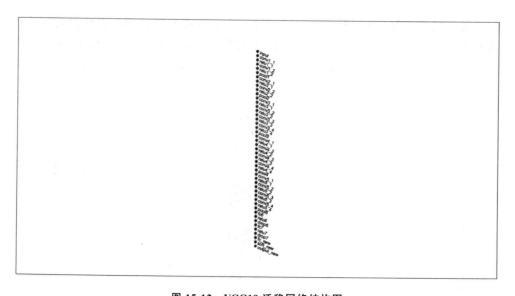

图 15-12　VGG19 迁移网络结构图

3 个迁移模型的网络层和结构复杂度数逐渐增加,对训练资源的消耗也随之增多,不同模型的训练过程如下。

```
% 数据增广,左右对换
aug = imageDataAugmenter( ...
    'RandXReflection',1);
% 训练集
```

```
db_train = augmentedImageDatastore(input_size(1:2),db_train,...
    'DataAugmentation',aug,...
    'ColorPreprocessing','gray2rgb');
% 验证集
db_val = augmentedImageDatastore(input_size(1:2),db_val,...
    'ColorPreprocessing','gray2rgb');
% 设置参数
options_train = trainingOptions('sgdm', ...
    'MiniBatchSize',10, ...
    'MaxEpochs',20, ...
    'InitialLearnRate',1e-4, ...
    'Shuffle','every-epoch', ...
    'ValidationData',db_val, ...
    'ValidationFrequency',10, ...
    'Verbose',false, ...
    'Plots','training-progress', ...
    'ExecutionEnvironment', 'auto');
% 训练网络
net = trainNetwork(db_train, model, options_train);
```

如上处理过程中,考虑到肺部影像的左右对称特点,将训练集进行了数据左右对换方式的增广处理,进一步丰富了训练集的构成。同时,由于 3 个网络迁移默认的输入都是 3 通道的彩色图像形式,所以对训练集和验证集都进行了颜色空间的设置,将其统一转换为 RGB 颜色空间的输入。为了提高执行效率,可将训练过程封装为函数 train_cnn_net,传入网络模型、训练集和验证集,按照默认的训练参数执行训练,返回训练后的模型。

```
% 训练迁移模型
alexnet_t_model = train_cnn_net(alexnet_t, ...
    db_train, db_validation);
googlenet_t_model = train_cnn_net(googlenet_t, ...
    db_train, db_validation);
vggnet_t_model = train_cnn_net(vggnet_t, ...
    db_train, db_validation);
% 存储迁移模型
save alexnet_t_model.mat alexnet_t_model
save googlenet_t_model.mat googlenet_t_model
save vggnet_t_model.mat vggnet_t_model
```

如上过程训练了 3 个迁移模型,并将其保存到模型文件,各个模型的训练过程分别如图 15-13～图 15-15 所示。

相同条件下,AlexNet 迁移模型训练耗时较短,验证集识别率为 81.33%;GoogLeNet 迁移模型训练耗时较长,验证集识别率为 82.67%;VGG19 迁移模型训练耗时最长,验证集识别率为 86.67%。

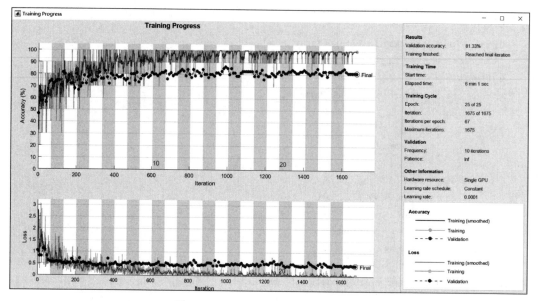

图 15-13 AlexNet 迁移模型训练过程

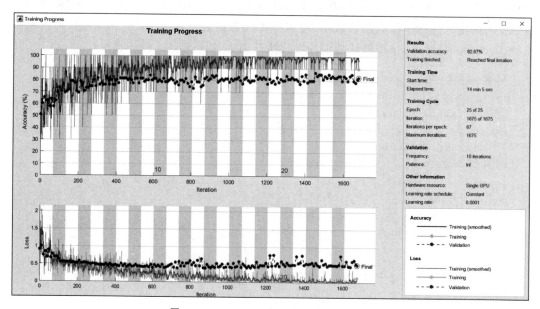

图 15-14 GoogLeNet 迁移模型训练过程

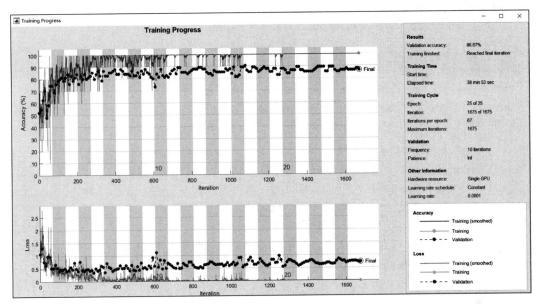

图 15-15　VGG19 迁移模型训练过程

15.2.4　CNN 迁移评测

15.2.3 节提供了 3 个 CNN 迁移模型的训练过程，为了进行模型评测，在相同数据条件下对训练集和验证集进行测试，并绘制在验证集下识别的混淆矩阵。

封装评测函数，对输入的模型和数据集进行数据维度转换、计算错误率，并绘制混淆矩阵。

```
function y_val_pred = test_cnn_net(model, db_train, db_val, dispflag)
if nargin < 4
    % 绘图标记
    dispflag = 1;
end
% 维数对应
if length(model) == 1
    input_size = model.Layers(1).InputSize;
else
    input_size = model(1).InputSize;
end
% 训练集
db_train2 = augmentedImageDatastore(input_size(1:2),db_train,...
    'ColorPreprocessing','gray2rgb');
% 验证集
db_val2 = augmentedImageDatastore(input_size(1:2),db_val,...
    'ColorPreprocessing','gray2rgb');
```

```
%  评测数据－训练集
y_train_pred = classify(model,db_train2,'MiniBatchSize', 10);
train_err = mean(y_train_pred ~ = db_train.Labels);
disp("训练集错误率:" + train_err * 100 + "%")
%  评测数据－验证集
y_val_pred = classify(model,db_val2,'MiniBatchSize', 10);
val_err = mean(y_val_pred ~ = db_val.Labels);
disp("验证集错误率:" + val_err * 100 + "%")
if dispflag == 1
    %  绘制混淆矩阵－验证集
    figure;
    confusionchart(db_val.Labels,y_val_pred,...
        'Normalization','column－normalized');
end
```

函数 test_cnn_net 可对传入的模型和数据集进行测试,并根据设置的绘图标记显示混淆矩阵,最终返回验证集的测试结果。

调用评测函数,加载已保存的 CNN 迁移模型,分别调用评测进行测试。AlexNet 迁移模型在验证集上的混淆矩阵如图 15-16 所示,其训练集错误率为 0.14903%,验证集错误率为 18.6667%。GoogLeNet 迁移模型在验证集上的混淆矩阵如图 15-17 所示,训练集错误率为 0%,验证集错误率为 17.3333%。VGG19 迁移模型在验证集上的混淆矩阵如图 15-18 所示,训练集错误率为 0%,验证集错误率为 13.3333%。

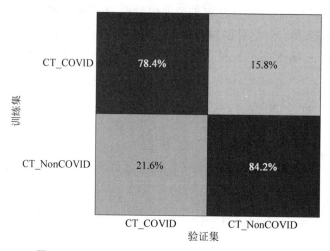

图 15-16 AlexNet 迁移模型在验证集上的混淆矩阵

由此可以发现,VGG19 迁移模型对"CT_NonCOVID"类别的识别率相对较高,且三个模型对"CT_COVID"类别的识别率相近,可以考虑对这三个模型的识别结果进行投票组合,最终获取融合后的识别结果。

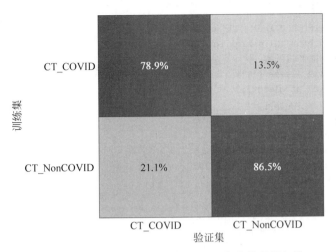

图 15-17 GoogLeNet 迁移模型在验证集上的混淆矩阵

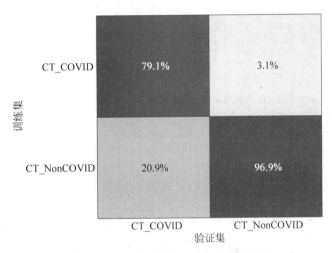

图 15-18 VGG19 迁移模型在验证集上的混淆矩阵

15.2.5 CNN 融合识别

获取了 3 个迁移模型的识别结果后,对其进行投票组合,提高识别率。根据前面混淆矩阵的分析结果,可对"CT_COVID"类别的情况计算 3 个识别结果的众数作为最终输出,对"CT_NonCOVID"类别的情况则选择 VGG19 迁移模型的识别结果作为最终输出。

```
% 3 个识别结果
y_val_alexnet = test_cnn_net(alexnet_t_model, db_train, db_validation, 0);
y_val_googlenet = test_cnn_net(googlenet_t_model, db_train, db_validation, 0);
y_val_vggnet = test_cnn_net(vggnet_t_model, db_train, db_validation, 0);
% 初始化
```

```matlab
y_res = categorical([]);
cs = categorical({'CT_COVID', 'CT_NonCOVID'});
for i = 1 : length(db_validation.Labels)
    % 遍历分析每个验证集
    yi(1) = y_val_alexnet(i);
    yi(2) = y_val_googlenet(i);
    yi(3) = y_val_vggnet(i);
    % 取众数
    yid1 = find(yi == 'CT_COVID');
    yid2 = find(yi == 'CT_NonCOVID');
    yid = [length(yid1) length(yid2)];
    [~, id] = max(yid);
    if yi(3) == cs(2)
        % 如果 VGG 判断为 CT_NonCOVID
        id = 2;
    end
    % 判断类别
    if id == 1
        % CT_COVID
        y_res(i) = cs(1);
    else
        % CT_NonCOVID
        y_res(i) = cs(2);
    end
end
y_res = y_res(:);
val_err = mean(y_res(:) ~= db_validation.Labels);
disp("验证集错误率: " + val_err * 100 + " %")
figure;
confusionchart(db_validation.Labels, y_res, ...
    'Normalization', 'column-normalized');
```

运行后可得到融合后识别结果,其验证集错误率为 12%,混淆矩阵如图 15-19 所示。

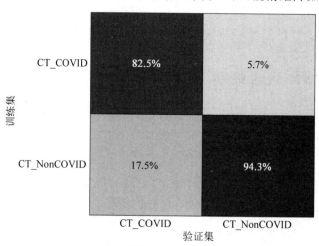

图 15-19 融合模型在验证集上的混淆矩阵

由此可见,通过对模型识别结果的分析和融合,最终可在一定程度上提高识别效果。不同的数据集和模型训练参数可能得到的结果也有所差异,但这种多模型融合方式相对简单,对于其他相关应用也有一定的借鉴意义。

15.3　集成应用开发

为了更好地集成对比不同步骤的处理结果,贯通整体的处理流程,本案例开发了一个GUI界面,集成模型加载、影像选择和智能识别等关键步骤,并显示处理过程中产生的中间结果。其中,集成应用的界面设计如图 15-20 所示。应用界面包括控制面板和显示面板两个区域,可先选择待测影像并在右侧显示,再单击智能识别按钮调用 3 个模型进行识别并融合处理,最终在右侧区域显示处理结果。

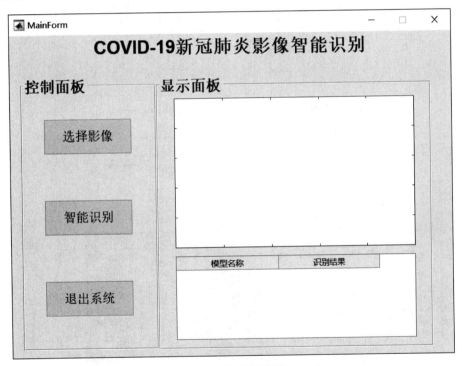

图 15-20　界面设计

如图 15-21 和图 15-22 所示,选择了待测样本进行新冠肺炎的智能识别,可以发现阳性图例呈现了明显的区域"白化"现象,这也是肺部炎症在 CT 影像下的表征。由于数据集的规模限制,自动化的智能识别还需要进一步优化,例如增加其他的数据集、引入多种数据增广策略、加载更多的 CNN 模型等,读者可以尝试用不同的方法进行拓展实验。

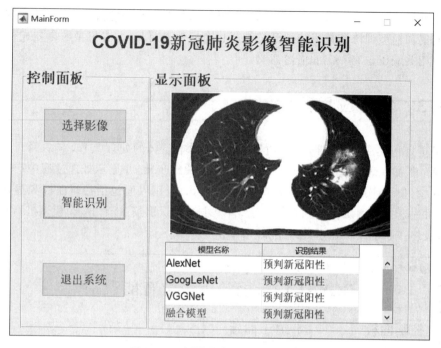

图 15-21　新冠影像智能识别样例 1

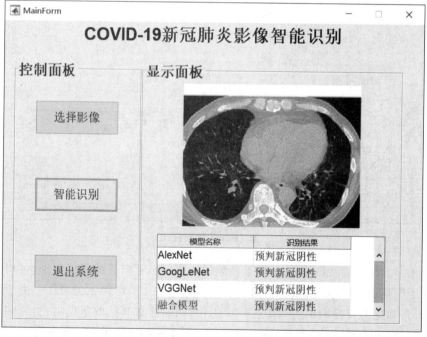

图 15-22　新冠影像智能识别样例 2

15.4 案例小结

医学 CT 影像分析重点是研究医学影像中器官和组织之间的形态,对其进行病理性分析。在 COVID-19 新冠肺炎疫情背景下,利用医学影像对新冠疑似病例进行早期筛查和疫情预防具有重要意义,特别是基于 AI 技术对肺部影像进行辅助诊断能进一步提高临床检查效率,有助于医生进行快速病理研判。

本案例针对公开的新冠影像数据集进行实验,采用数据增广的方式增加训练集的规模,选择多个的 CNN 网络进行模型训练和分类识别,最终将不同的 CNN 模型进行融合形成多模型的新冠 CT 影像识别应用。但是,实验只是针对影像整体进行了分类识别,未进行细粒度的病变区域的检测分割,这也是进一步的研究方向。读者可以通过自行设计或选择其他的网络、加载其他的 CT 数据集等方式进行拓展实验。

## 第 16 章

基于深度学习的
人脸二维码识别

16.1　应用背景

随着人工智能技术的不断发展,以人脸识别为代表的生物安全识别技术也得以广泛应用,例如刷脸支付、人脸门禁、刷脸通行等,在给人们生活带来巨大便利的同时也存在一定的安全隐患,例如脸模破解、隐私泄露等,这也对人脸识别模块的安全加密提出了新的要求。快速响应码(Quick Response code,QR 码)是当前流行的一种信息编码方式,具有可靠性高、信息容量大、识别速度快等优点,已广泛应用于扫码支付、扫码交友、扫码购物等应用场景,已经成为当今人们的生活习惯。因此,可考虑将人脸图像和二维码图像进行结合,将人脸生物信息加密处理后的数据融合到二维码图像,再利用私有化的分析工具对二维码图像进行译码、解密、重建,最终建立二维码图像与人脸图像间的个性化转换通道,形成一个基于人脸二维码的校验机制。

本案例对基础的人脸识别方法进行分析,选择经典的人脸数据集通过降维提取关键数据,经过 Base64 编码得到加密后的字符串,将其输入到二维码编码工具得到二维码图像,并建立可逆的操作流程,支持人脸编码、图像译码、数据解密、人脸重建的过程。通过经典的CNN 模型对重构后的人脸进行分类识别,最终建立一个基于深度学习的人脸二维码识别应用。

16.2　QR 码

QR 码是最早由日本 Denso 公司于 1994 年为追踪汽车零件而开发的一种矩阵式二维码。QR 码是最常用的二维码编码方式,具有制作成本低和存储容量大的特点,可方便地进行多种类型的信息存储和提取,应用场景非常广泛。本案例不过多涉及 QR 码的原理,重点叙述如何利用二维码编译工具 ZXing 进行集成应用,对应的编码工具如图 16-1所示。

ZXing 是经典的条码/二维码处理类库,是开源的 Java 程序包,可用于解析多种格式的条形码、二维码,能够方便地对 QR 码进行编译处理。本案例利用 Java 语言跨平台的特点进行集成,在 MATLAB 调用 ZXing 工具进行编译码。

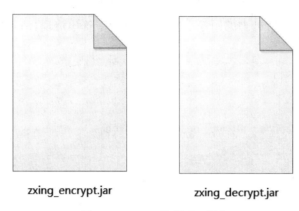

zxing_encrypt.jar   zxing_decrypt.jar

图 16-1　ZXing 编解码工具包

16.2.1　QR 编码

QR 编码的主要实现方式对输入的字符串进行编码,调用 ZXing 的编码接口生成二维码图像,这里需要参考工具包的数据格式进行统一的参数传递。

(1)参数设置,设置二维码图像的宽度和高度,初始化待编码的字符串,这里以常见的汉字、英文、数字构成字符串组合。

```
% 设置高度和宽度
qr_height = 400;
qr_width = 400;
% 设置字符串内容
cnt = '刘衍琦, Computer Vision, 2021';
```

(2)初始化接口,设置工具包路径,并设置字符串编码格式,进行相关的接口初始化。

```
% 添加编码工具包
tool_path = fullfile(pwd, 'zxing_encrypt.jar');
javaaddpath(tool_path);
% 初始化写出接口
qr_writer = com.google.zxing.MultiFormatWriter();
% 设置编码格式
qr_header = java.util.Hashtable;
qr_header.put(com.google.zxing.EncodeHintType.CHARACTER_SET, "UTF-8");
```

(3)QR 编码,设置编码的字符串、图像宽度、高度等参数,调用编码接口进行图像生成。

```
% QR 编码
qr_bit = qr_writer.encode(cnt, ...
```

```
        com.google.zxing.BarcodeFormat.QR_CODE, ...
        qr_width, qr_height, qr_header);
qr_img = char(qr_bit);
```

（4）图像转换，获取待处理的图像字符串后，进行字符串清理，消除异常字符，最终转换为二维图像格式。

```
% 消除换行(ASCII 码 10)
qr_img(qr_img == 10) = [];
% 数据重组
qr_img = reshape(qr_img(1:2:end), qr_width, qr_height)';
% 消除标志位
qr_img(qr_img ~= 'X') = 1;
qr_img(qr_img == 'X') = 0;
% 归一化
qr_img = mat2gray(double(qr_img));
% 保存到文件
imwrite(qr_img, 'demo.jpg')
```

经过以上处理，可得到编码后的二维码图像矩阵，如图 16-2 所示。得到了所设置字符串的二维码图像，可以用微信等工具的二维码扫描服务进行验证，查看识别效果。

如图 16-3 所示，通过微信扫描自定义生成的二维码图像进行解码得到了相匹配的字符串内容，这也表明了二维码编码过程的有效性。

刘衍琦, Computer Vision, 2021

如需使用，可通过复制获取内容

图 16-2　QR 二维码编码图例　　　　　图 16-3　微信扫码结果图示

16.2.2　QR 译码

QR 译码的主要实现方式对输入的二维码图像进行读取，调用 ZXing 的解码接口获取字符串内容，这里需要参考工具包的数据格式进行统一的参数传递。

（1）初始化接口，设置工具包路径，将解码库添加到路径。

```
% 添加解码工具包
zxingpath = fullfile(pwd, 'zxing_decrypt.jar');
javaaddpath(zxingpath);
```

（2）读取图像，设置图像路径并读取，将其转换为 Java 对象。

```
% 读取图像
qr_img = imread('demo.jpg');
% 转换图像
qr_img = im2java(qr_img);
qr_width = qr_img.getWidth();
qr_height = qr_img.getHeight();
```

（3）图像解码，获取图像的 Java 对象后，可调用解码接口进行处理，得到二维码的字符串内容。

```
% 执行解码
qr_source = ...
com.google.zxing.client.j2se.BufferedImageLuminanceSource(qr_img.getBufferedImage());
qr_bin = com.google.zxing.common.HybridBinarizer(qr_source);
qr_bit = com.google.zxing.BinaryBitmap(qr_bin);
qr_reader = com.google.zxing.MultiFormatReader();
res = char(qr_reader.decode(qr_bit));
```

经过以上处理，可得到解码后的字符内容，具体如下所示。

```
>> res
res =
    '刘衍琦, Computer Vision, 2021'
```

由此可见，通过调用解码工具包可对自定义生成的二维码图像进行解码而得到相匹配的字符串内容，这也表明了二维码解码过程的有效性。

16.2.3 内容加密

通过设置的明文字符串进行编码得到的二维码图像，采用普通的二维码扫描工具即可容易获得明文信息，这也容易出现信息泄露的情况。为此，选择经典的 Base64 加解密进行内容转码来提高安全性，即对字符串经 Base64 加密后再进行 QR 编码，同理对图像 QR 译码后再进行 Base64 解密来得到明文字符串。

```
% 设置字符串内容
cnt = '刘衍琦, Computer Vision, 2021';
% base64 加密
bs_code = matlab.net.base64encode(unicode2native(cnt,...
    'utf-8'))
% base64 解密
bs_decode = native2unicode(matlab.net.base64decode(bs_code),...
    'utf-8')
```

运行后可得到对字符串的 Base64 编解码结果：

```
bs_code =
    '5YiY6KGN55CmLCBDb21wdXRlciBWaXNpb24sIDIwMjE = '
bs_decode =
    '刘衍琦, Computer Vision, 2021'
```

因此,将字符串的 QR 编译码加入 Base64 编解码过程,可得到统一的加解密处理。二维码生成、二维码内容提取的流程如图 16-4 所示。

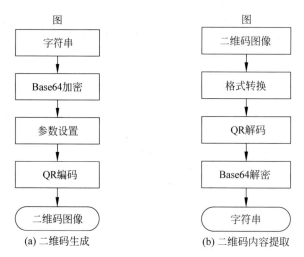

图 16-4　二维码生成和内容提取流程

为方便调用将二者封装为子函数,具体内容如下。

(1) 二维码生成。

```
function qr_img = qr_code_gen(cnt, bs_flag)
if nargin < 2
    % 是否进行 Base 加密标志
    bs_flag = 0;
end
if bs_flag == 1
    % Base64 加密
    cnt = matlab.net.base64encode(unicode2native(cnt,'utf - 8'));
end
% 设置宽度和高度
qr_height = 400;
qr_width = 400;
% 添加编码工具包
tool_path = fullfile(pwd, 'zxing_encrypt.jar');
javaaddpath(tool_path);
% 初始化写出接口
qr_writer = com.google.zxing.MultiFormatWriter();
% 设置编码格式
qr_header = java.util.Hashtable;
```

```
qr_header.put(com.google.zxing.EncodeHintType.CHARACTER_SET, "UTF-8");
% QR 编码
qr_bit = qr_writer.encode(cnt, ...
    com.google.zxing.BarcodeFormat.QR_CODE, ...
    qr_width, qr_height, qr_header);
qr_img = char(qr_bit);
% 消除换行(ASCII 码 10)
qr_img(qr_img == 10) = [];
% 数据重组
qr_img = reshape(qr_img(1:2:end), qr_width, qr_height)';
% 消除标志位
qr_img(qr_img ~= 'X') = 1;
qr_img(qr_img == 'X') = 0;
% 归一化
qr_img = mat2gray(double(qr_img));
```

（2）二维码内容提取。

```
function res = qr_code_extract(qr_img, bs_flag)
if nargin < 2
    % 是否进行 Base 加密标志
    bs_flag = 0;
end
% 添加解码工具包
zxingpath = fullfile(pwd, 'zxing_decrypt.jar');
javaaddpath(zxingpath);
% 转换图像
qr_img = im2java(qr_img);
qr_width = qr_img.getWidth();
qr_height = qr_img.getHeight();
% 执行解码
qr_source = com.google.zxing.client.j2se.BufferedImageLuminanceSource(qr_img.
getBufferedImage());
qr_bin = com.google.zxing.common.HybridBinarizer(qr_source);
qr_bit = com.google.zxing.BinaryBitmap(qr_bin);
qr_reader = com.google.zxing.MultiFormatReader();
res = char(qr_reader.decode(qr_bit));
if bs_flag == 1
    % Base64 解密
    res = native2unicode(matlab.net.base64decode(res),'utf-8');
end
```

如上代码分别定义了子函数 qr_code_gen 进行二维码生成，子函数 qr_code_extract 进行二维码内容提取，设置了是否进行 base64 加解密的标志位，方便进行二维码的生成和内容提取。

16.3 人脸压缩

16.3.1 人脸建库

ORL(Olivetti Research Laboratory)人脸库是经典的人脸数据库,源自英国剑桥 Olivetti 实验室。ORL 库包含 40 组人脸,每组对应一个人的 10 幅人脸正面图,共计 400 幅。ORL 库人脸图像的维度均为 92×112,在采集时间、拍摄光线等方面存在轻微变化,同一个人的不同人脸图可能存在姿态、光照和表情上的差异。ORL 库已成为从事人脸识别相关研究最常用的标准人脸数据库之一,具体构成如图 16-5 所示。数据库共包含 40 个子文件夹,每个文件夹以类别标签命名,且均为灰度人脸图像。

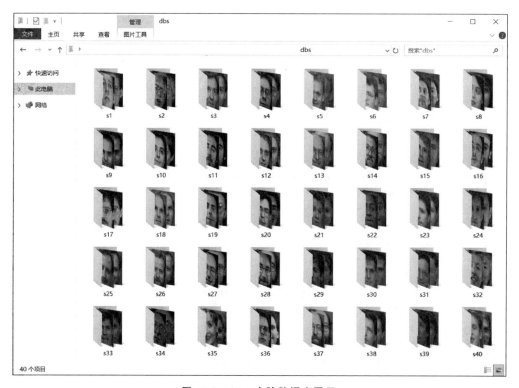

图 16-5　ORL 人脸数据库图示

16.3.2 人脸降维

主成分分析方法(Principal Component Analysis,PCA)是经典的数据降维和特征提取方法。PCA 以 Karhunen-Loeve 或 Hotelling 变换为基础,计算矩阵的最优正交基,使得变换后的变量与原变量之间的均方误差最小。通过 PCA 方法可建立一个新的坐标系,进而消除原数据向量各分量之间的相关性,能在一定程度上消除某些包含较少信息的坐标分量,进而达到特征空间降维的目的。

PCA方法可对矩阵进行数据降维,具有简捷、高效的特点,已在数据压缩、数据去噪等领域得到了广泛的应用。利用PCA方法进行人脸数据降维的主要过程如下所述。

图16-6 平均脸

(1)加载人脸数据集,形成数字矩阵。如图16-6所示的数据集,每个子文件夹对应于一个人脸类别,所以可采用文件夹遍历的方式进行图像读取,选择指定比例的图像参与计算,关键代码如下。

```
% 人数
people_num = 40;
% 每人的图像数目
sample_num = 10;
% 初始化人脸库矩阵
all_data = [];
for i = 1 : people_num
    for j = 1 : sample_num
        % 当前样本图
        fi = fullfile(pwd, 'dbs', sprintf('s%d/%d.BMP', i, j));
        imi = imread(fi);
        % 转换为行向量
        b = double(imi(:)');
        % 存储到数字矩阵
        all_data = [all_data; b];
    end
end
```

数据集共包括40个子文件夹,每个子文件夹包括10幅图像,程序进行遍历读取共得到400幅图像参与计算。由于都是112×92维度的灰度人脸图,所以最终得到的数字矩阵维度为400×10 304,其中10 304＝112×92表示将灰度图像进行了向量化。

(2)计算平均脸,构建协方差矩阵。PCA的主要思想是保留数据集中对方差贡献最大的特征进而简化数据,达到降维的目的。因此,对人脸数据先计算平均脸向量,然后构造协方差矩阵,为计算特征脸提供基础。

```
% 计算平均脸
mean_face = mean(all_data);
all_data2 = all_data - repmat(mean_face, size(all_data,1), 1);
% 协方差矩阵
cov_matrix = all_data2 * all_data2';
figure; imshow(mat2gray(reshape(mean_face, 112, 92)));
```

经过这些步骤的处理后,可以得到1×10 304维的平均脸向量和400×400维的协方差矩阵。为了进一步观察平均脸的特点,可以将其重构为112×92维度的图像矩阵,可视化显示效果如图 16-6 所示。

（3）提取特征向量，获得特征脸空间。针对协方差矩阵可计算其特征值和特征向量，通过选择要保留的特征向量维度来生成特征脸子空间，将其用于原始人脸数据的降维处理，关键代码如下。

```
% 保留 k 维
k = round(people_num * sample_num * 0.7);
[V, D] = eig(cov_matrix);
% 提取特征值
Ds = diag(D);
% 按特征值降序排列
dsort = flipud(Ds);
vsort = fliplr(V);
% 按照设置的范围计算特征脸空间
face_space = all_data2' * vsort(:,1:k) * diag(dsort(1:k).^(-1/2));
% 人脸降维
data_pca = all_data2 * face_space;
```

经过这些步骤的处理后，可以得到 $10\,304 \times 280$ 维的特征脸子空间 V，以及 400×280 维的人脸特征，达到人脸图像的降维目标。此外，为了进一步观察特征脸空间的特点，可以将其重构为 112×92 维的图像矩阵，进行可视化显示，关键代码如下。

```
figure;
for i = 1 : 20
    imi = reshape(face_space(:,i), 112, 92);
    subplot(5, 4, i); imshow(mat2gray(imi));
end
```

运行此段代码，可将生成的特征脸子空间进行重构，得到二维人脸图像，具体效果如图 16-7 所示。对应于设置的降维参数，特征脸子空间由 20 幅特征脸构成，可将原始的图像数据投影到此空间获得 1×280 维的特征向量，进而可方便地用于人脸降维压缩。

16.3.3 人脸重构

通过 PCA 进行人脸降维后可将原始 112×92 维的图像，转换为 1×280 维的向量，达到降维压缩的目标。同理，基于特征脸空间进行逆操作也可以将 1×280 的向量还原为人脸图像，达到人脸重构的目标。下面以库内的某样本图像为例进行降维和重构的说明。

```
% 选择某图像
ind = randi([1 size(all_data,1)]);
imi = all_data(ind,:);
% 向量化
b = double(imi(:)');
% 减去平均脸
b = b - mean_face;
```

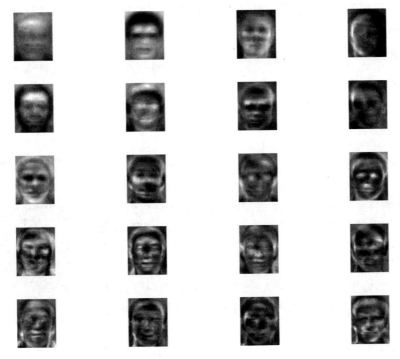

图 16-7　特征脸子空间

```
%  投影到特征脸空间
c = b * face_space;
%  保留 1 位小数
c = round(c * 10)/10;
```

如上随机选择某样本图,按照降维过程将其投影到特征脸空间,得到 1×280 维的特征向量,将其绘制曲线如图 16-8 所示。

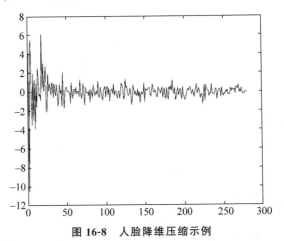

图 16-8　人脸降维压缩示例

下面按照逆操作对降维后的向量进行还原，并将其按照图像矩阵的维度进行重构得到图像，关键代码如下。

```
% 图像维度
sz = [112 92];
% 人脸还原
temp = face_space(:,1:length(c)) * c';
temp = temp + mean_face';
% 重构图像矩阵
im2 = im2uint8(mat2gray(reshape(real(temp), sz(1), sz(2))));
save(fullfile(pwd, 'model.mat'), 'face_space', 'mean_face', 'sz');
```

通过逆向操作，可以得到重构后的人脸图像，如图 16-9 所示。将 1×280 维的特征向量经特征脸、平均脸进行重构可得到图像结果，这也说明了人脸降维和重构过程的有效性。此外，为了方便模型复用，我们将特征脸、平均脸、图像维度信息保存为模型文件"model.mat"。

图 16-9　人脸重构示例

综合上面的处理过程，可以将人脸图像降维压缩和重构过程封装为子函数，通过调用已保存的模型文件进行降维和重构处理，具体如下所示。

（1）人脸降维子函数。

```
function c = get_face_vec(imi)
% 获取人脸降维向量
if ndims(imi) == 3
    imi = rgb2gray(imi);
end
% 加载模型
load(fullfile(pwd, 'model.mat'));
if ~isequal(size(imi), sz)
    % 统一维度
    imi = imresize(imi, sz, 'bilinear');
end
% 向量化
b = double(imi(:)');
% 减去平均脸
b = b - mean_face;
% 投影到特征脸空间
c = b * face_space;
% 保留 1 位小数
c = round(c * 10)/10;
```

（2）人脸重构子函数。

```
function imi = get_face_rec(c)
% 获取人脸重构图像
% 加载模型
load(fullfile(pwd, 'model.mat'));
```

```
% 人脸还原
temp = face_space(:,1:length(c)) * c';
temp = temp + mean_face';
% 重构图像矩阵
imi = im2uint8(mat2gray(reshape(real(temp), sz(1), sz(2))));
```

如上分别定义了子函数 get_face_vec 进行人脸图像降维,子函数 get_face_rec 进行人脸图像重构,方便进行图像的压缩和还原。

16.3.4 人脸转码

人脸经降维压缩后可转换为固定长度的一维向量,可考虑将其传入前面设置的二维码编码函数获取二维码图像,达到人脸转码效果。

(1) 读取人脸图像,降维压缩。

```
% 读取样本图像
im = imread('./images/01.BMP');
% 获取降维向量
vec = get_face_vec(im);
% 转换为字符串
str = sprintf('%.1f,', vec);
% 消除最后冗余字符
str = str(1:end-1);
```

读取样本图像并进行降维压缩,得到 $1×280$ 维的压缩向量后进行字符串转换,得到待编码的字符串。其中,待测样本图像如图 16-10 所示。

(2) 对降维向量得到的字符串进行二维码编码。

```
% 二维码编码
qr_img = qr_code_gen(str, 1);
```

对上一步转换得到的字符串进行 Base64 加密及 QR 编码,得到的二维码图像如图 16-11 所示。

图 16-10 待测样本图像

图 16-11 生成的二维码图像

（3）对二维码图像进行解码，将其转换为数值向量。

```
% 二维码解码
str2 = qr_code_extract(qr_img, 1);
% 转换为向量
vec2 = str2num(str2);
```

对上一步得到的二维码图像进行 QR 解码及 Base64 解密，得到字符串后再转换为数值向量。

（4）对得到的数值向量进行人脸重构。

```
% 获取重构人脸
im2 = get_face_rec(vec2);
imwrite(mat2gray(im2), 'im2.png');
```

对上一步得到的数值向量调用人脸重构函数得到人脸图像，最终结果如图 16-12 所示。重构得到的人脸图像与原图保持一致，但在视觉上呈现一定的模糊现象，这也说明了 PCA 压缩引起的信息丢失情况，不过这不影响人脸的分类识别应用。

图 16-12　重构得到的人脸图像

16.4　CNN 分类识别

通过分析人脸数据集可以发现，对其进行人脸识别本质上是一个分类识别应用，可以考虑直接使用 CNN 迁移学习进行模型训练，进而快速得到基于深度学习的分类识别模型。因此，选择经典的 AlexNet 模型进行编辑，将其应用于 ORL 人脸数据集的分类识别。

（1）数据集读取，设置数据集目录，并按 9∶1 的比例将其拆分为训练集和验证集。

```
rng('default')
% 数据读取
db = imageDatastore('./dbs', ...
    'IncludeSubfolders',true,'LabelSource','foldernames');
% 拆分训练集和验证集
[db_train,db_val] = splitEachLabel(db,0.9,'randomize');
```

（2）模型定义，设置数据集的类别数目，并进行网络编辑得到迁移后的网络模型。

```
% 类别信息
class_number = 40;
% 获取 alexnet 预训练模型
net = alexnet;
% 保留全连接层之前的网络层
layers_transfer = net.Layers(1:end-3);
% 编辑得到新的网络结构
```

```
layers_new = [
    layers_transfer
    fullyConnectedLayer(class_number,'WeightLearnRateFactor',...
    10,'BiasLearnRateFactor',10,'Name','fc_new')
    softmaxLayer('Name','soft_new')
    classificationLayer('Name','output_new')];
```

（3）模型训练，设置数据集的输入维度变换和增广变换，并配置训练参数，执行模型训练。

```
% 数据增广,左右对换
aug = imageDataAugmenter( ...
    'RandXReflection',1);
% 图像维度
input_size = layers_new(1).InputSize;
% 训练集
db_train = augmentedImageDatastore(input_size(1:2),db_train,...
    'DataAugmentation',aug,...
    'ColorPreprocessing','gray2rgb');
% 验证集
db_val = augmentedImageDatastore(input_size(1:2),db_val,...
    'ColorPreprocessing','gray2rgb');
% 设置参数
options_train = trainingOptions('sgdm', ...
    'MiniBatchSize',10, ...
    'MaxEpochs',25, ...
    'InitialLearnRate',1e-4, ...
    'Shuffle','every-epoch', ...
    'ValidationData',db_val, ...
    'ValidationFrequency',10, ...
    'Verbose',false, ...
    'Plots','training-progress', ...
    'ExecutionEnvironment', 'auto');
% 训练网络
cnn_model = trainNetwork(db_train, layers_new, options_train);
```

（4）将训练后的模型存储到本地文件，方便模型调用。如图 16-13 所示，由于当前数据集规模有限，所以模型训练速度较快并能达到理想的识别率，需要调用模型对前面得到的解码图像进行识别测试，代码如下。

```
% 加载模型
load cnn_model.mat
% 维数对应
input_size = cnn_model.Layers(1).InputSize;
% 获取待测图像
```

```
im = imread('im2.png');
if ndims( im) == 2
    % 转换为 RGB 矩阵
    im = cat(3, im, im, im);
end
im = imrcsize(im, input_size(1;2), 'bilinear');
% 按批次重组
x(:,:,:,1) = double(im);
res = classify(cnn_model,x)
```

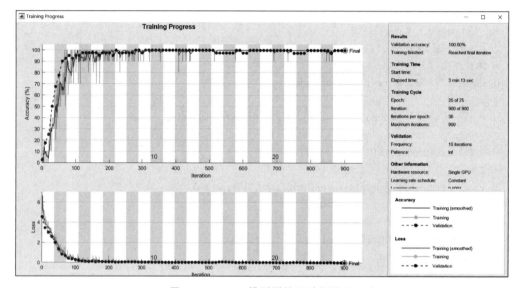

图 16-13　CNN 模型训练迁过程图示

　　如上处理过程对待测图像进行 CNN 识别,得到对应的类别为"s24",可将其对应到数据集,待测图像如图 16-14 所示,选中类别的样本图集合如图 16-15 所示。

图 16-14　待测图像

　　虽然降维后的图像存在一定的模糊现象,但通过 CNN 模型进行识别依然能得到正确的识别结果,这样就证明了 CNN 模型的有效性。

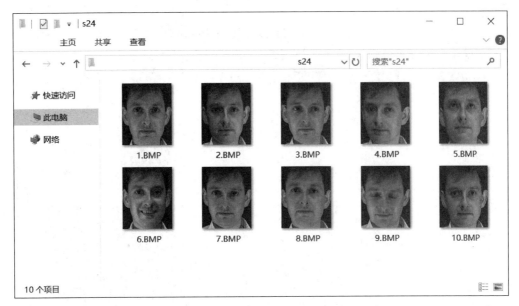

图 16-15 选中类别的样本图集合

16.5 集成应用开发

为了更好地集成对比不同步骤的处理效果,贯通整体的处理流程,本案例开发了一个GUI界面,集成二维码生成、二维码解码和 CNN 识别等关键步骤,并显示处理过程中产生的中间结果。其中,集成应用的界面设计如图 16-16 所示。应用界面包括控制面板和显示面板两个区域,单击"选择人脸图像"按钮会在右侧自动显示图像,单击"人脸压缩"按钮会调用 PCA 模型进行降维压缩,单击"二维码生成"按钮会生成二维码图像并在右侧显示,单击"二维码解码"按钮会对二维码图像进行直接解码获取字符串内容并显示,单击"人脸重构"按钮会重构人脸图像并显示,单击"CNN 识别"按钮会识别重构出的人脸图像并在右侧显示该类别的代表图。

下面选择不同的图像进行实验,演示处理效果。图 16-17~图 16-20 分别给出了两个人脸二维码实验结果,对待测人脸图像可进行降维和编码操作得到二维码图像,直接对其解码后得到的信息为 Base64 字符串序列,这样能隐藏实际的数据,经二维码解码和人脸重构后可得到重构后的人脸图,存在一定的模糊现象。最后,调用 CNN 识别模型可以正确地识别出人脸对应的类别,并显示相应的类别代表图。这里采用经典的 PCA 方法对人脸图像压缩重建,采用经典 Base64 转码方法进行加解密,读者可以考虑选择压缩感知、神经网络自编解码器和稀疏重建等方法进行改进,也可以考虑使用其他可逆的加解密方法进一步提高信息传输的安全性。

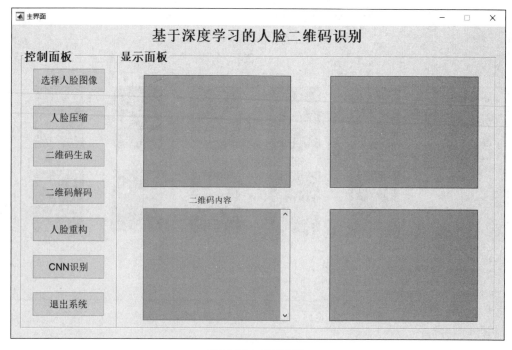

图 16-16　界面设计

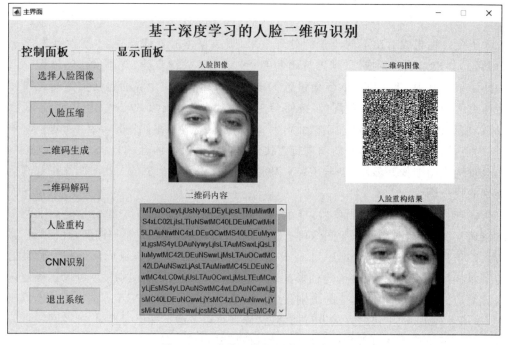

图 16-17　人脸二维码实验 1-编解码

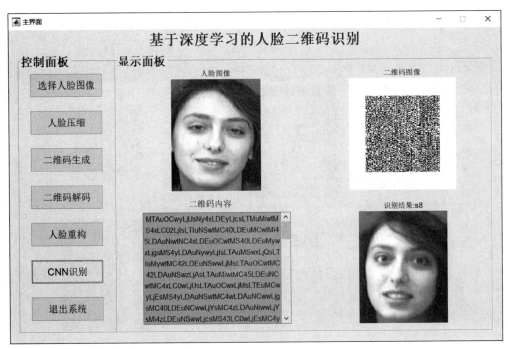

图 16-18 人脸二维码实验 1-CNN 识别

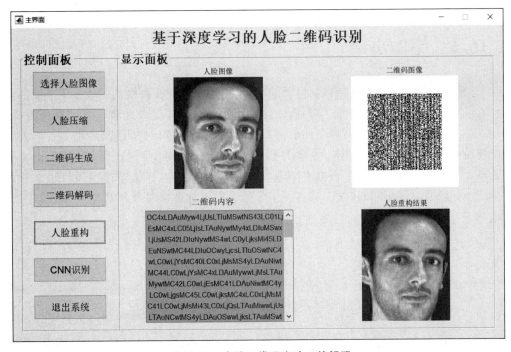

图 16-19 人脸二维码实验 2-编解码

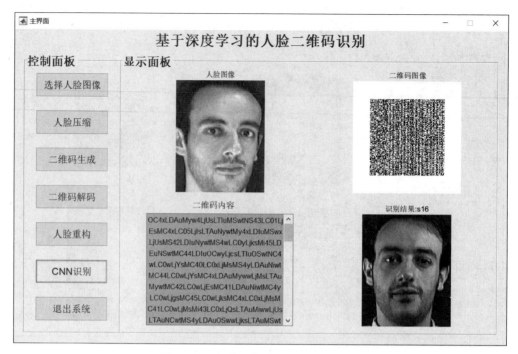

图 16-20　人脸二维码实验 2-CNN 识别

16.6　案例小结

二维码具有传输方便、信息存储量大的特点,可用于处理多种格式的数据。人脸图像本身具有一定的私密属性,特别是在人脸认证识别相关应用中更需注意信息传输的安全性。因此,将二维码图像编解码、字符串加解密和人脸图像压缩重建进行结合,建立了将人脸图像压缩加密的技术路线,以二维码图像的形式进行信息的传输,最终也可对其进行自定义的解码和人脸重构。这里面的每个模块都可以进行更新,例如在压缩重建模块可考虑压缩感知、神经网络自编解码器和稀疏重建等方法,在字符串加解密模块可以考虑 AES、DES 和 RSA 等可逆的加解密方法,通过多种方法的组合可以拓展应用。

参 考 文 献

[1] 阮秋琦.数字图像处理基础[M].北京:清华大学出版社,2009.

[2] 刘衍琦,詹福宇,蒋献文,等. Matlab 计算机视觉与深度学习实战[M]. 北京:电子工业出版社,2017.

[3] GONZALEZ R C,WOODS R E.数字图像处理[M].阮秋琦,阮宇智,译. 4 版.北京:电子工业出版社,2020.

[4] 纪建松,韦铁民,杨伟斌,等.新冠肺炎 CT 早期征象与鉴别诊断[M].北京:科学出版社,2020.

[5] Mathworks 文档帮助[EB/OL]. https://ww2.mathworks.cn/help/.

[6] KRIZHEVSKY A,SUTSKEVER I,HINTON G E. ImageNet classification with deep convolutional neural networks[C]// Conference and Workshop on Neural Information Processing Systems,2012.

[7] SIMONYAN K,ZISSERMAN A. Very deep convolutional networks for large-scale image recognition [EB/OL] (2015-04-10) [2021-09-01]. https://arxiv.org/abs/1409.1556.

[8] SZEGEDY C, LIU W, JIA Y Q, et al. Going deeper with convolutions[C]//IEEE Conference on Computer Vision and Pattern Recognition (CVPR). IEEE, 2015.

图 书 资 源 支 持

感谢您一直以来对清华大学出版社图书的支持和爱护。为了配合本书的使用，本书提供配套的资源，有需求的读者请扫描下方的"书圈"微信公众号二维码，在图书专区下载，也可以拨打电话或发送电子邮件咨询。

如果您在使用本书的过程中遇到了什么问题，或者有相关图书出版计划，也请您发邮件告诉我们，以便我们更好地为您服务。

我们的联系方式：

教学资源·教学样书·新书信息

地　　址：北京市海淀区双清路学研大厦 A 座 714

邮　　编：100084

电　　话：010-83470236　010-83470237

资源下载：http://www.tup.com.cn

客服邮箱：tupjsj@vip.163.com

QQ：2301891038（请写明您的单位和姓名）

用微信扫一扫右边的二维码,即可关注清华大学出版社公众号。

人工智能科学与技术
人工智能|电子通信|自动控制

资料下载·样书申请

书圈